攻坚专利

——避免最常见的专利错误

[美] 拉里·M. 戈德斯坦◎著

刘斌强　王剑宇◎译

Copyright© 2014 by Larry M. Goldstein

All rights reserved. No part of this book may be reproduced, stored, or transmitted, in any form or by any means, without prior written permission of the copyright holder.

图书在版编目（CIP）数据

攻坚专利：避免最常见的专利错误/（美）拉里·M. 戈德斯坦著；刘斌强，王剑宇译. —北京：知识产权出版社，2020.9

书名原文：LITIGATION – PROOF PATENTS：Avoiding The Most Common Patent Mistakes

ISBN 978 – 7 – 5130 – 6698 – 3

Ⅰ. ①攻… Ⅱ. ①拉… ②刘… ③王… Ⅲ. ①专利—研究 Ⅳ. ①G306

中国版本图书馆 CIP 数据核字（2019）第 288501 号

内容提要

本书首先详细讲述专利故事和撰写专利申请的步骤，然后介绍攻坚专利（经得住诉讼考验的专利）的撰写原则以及 10 项最常见的专利错误，最后通过 3 个或成功或失败的专利实例将攻坚专利的全貌全方位展示出来，意在提醒专利申请人在实际中避免常见的专利错误。

责任编辑：王瑞璞	责任校对：王 岩
封面设计：博华创意·张 冀	责任印制：刘译文

攻坚专利
——避免最常见的专利错误

[美] 拉里·M. 戈德斯坦 著
刘斌强 王剑宇 译

出版发行：知识产权出版社有限责任公司	网　址：http://www.ipph.cn
社　　址：北京市海淀区气象路 50 号院	邮　编：100081
责编电话：010 – 82000860 转 8116	责编邮箱：wangruipu@cnipr.com
发行电话：010 – 82000860 转 8101/8102	发行传真：010 – 82000893/82005070/82000270
印　　刷：三河市国英印务有限公司	经　销：各大网上书店、新华书店及相关专业书店
开　　本：720mm×1000mm 1/16	印　张：11.5
版　　次：2020 年 9 月第 1 版	印　次：2020 年 9 月第 1 次印刷
字　　数：135 千字	定　价：58.00 元
ISBN 978 – 7 – 5130 – 6698 – 3	
京权图字：01 – 2020 – 5419	

出版权专有　侵权必究

如有印装质量问题，本社负责调换。

推荐语[*]

诉讼是考验专利质量的最佳方式。《攻坚专利》以专利侵权诉讼的视角简明、扼要地介绍了30条应当遵循的原则和10项应当避免的错误,对知识产权实务工作者很有价值。干货、实用!

——高琛颢(商汤科技知识产权总监)

当前中美两国之间的竞争,本质上包括科学技术的竞争、创新能力的竞争。技术创新将是这场竞争的重要决胜筹码之一,而高质量专利正是鼓励、促进和保护技术创新的有效手段。《攻坚专利》中介绍的专利撰写原则和常见错误,为打造高质量专利提供了有益借鉴。

——李清伟(上海大学教授,博士生导师)

《攻坚专利》论述了经得起诉讼考验的专利的撰写原则以及会影响专利质量的常见错误。虽然本书是以美国专利为载体,但专利制度的原理是相通的。相信我国的相关利益方能够识其理、明其意,融会贯通,为己所用。

——李雨峰(西南政法大学教授,博士生导师)

为高质量建设创新型国家,全国范围内正掀起高价值专利培育的热潮。实际上,高价值专利的打造需要遵循一定的原则,避免不该犯的错误,这正是《攻坚专利》一书的核心。相信不论是知识产权从业者,还是企业等创新主体,都能从中获得有价值的参考。本书付梓,可谓正当时。

——马天旗(国家知识产权运营公共服务平台副总经理)

---

[*] 排名不分先后,以推荐者的姓名音序排列。

作者简介

拉里·M. 戈德斯坦（Larry M. Goldstein）是一位美国专利律师，专攻信息和通信技术领域。先后取得文学学士学位（哈佛大学）、工商管理硕士学位（西北大学凯洛格商学院），以及法学博士学位（芝加哥大学法学院），主要工作包括评估专利质量、管理专利组合，以及积极参与专利申请的起草和审查。戈德斯坦先生主编了《专利质量丛书》，一共4卷，包含《临时专利申请：使用与滥用》（*Provisional Patent Applications：Use and Abuse*，与吉·佩尔伯格先生合著，2018）、《攻坚专利：避免最常见的专利错误》（*Litigation-proof Patents：Avoiding the Most Common Patent Mistakes*，2014）、《专利组合：质量、创造和成本》（*Patent Portfolios：Quality，Creation and Cost*，2015），以及《专利的真正价值：判定专利和专利组合的质量》（*True Patent Value：Defining Quality in Patents and Patent Portfolios*，2013），其中，后两本图书的中译本收录在知识产权出版社有限责任公司出版的《知识产权经典译丛》中。戈德斯坦先生还帮助构建了3G宽带码分多址技术FRAND许可的专利池，并且与布赖·N. 凯西合著了《技术专利许可：21世纪专利许可、专利池和专利平台的国际性参考书》（*Technology Patent Licensing：An International Reference on 21st Century Patent Licensing，Patent Pools and Patent Platforms*，2004）一书。该书已被翻译成中文并于2018年1月由法律出版社出版。关于作者的详细信息可以参考其个人网页http://truepatentvalue.com/。

译者简介

刘斌强 高端服务品牌优赛诺（USino）创始人兼CEO，哲学博士（在读）、美国知识产权法硕士、国内工学硕士，副研究员、前国家知识产权局发明专利审查员、全国专利信息领军人才、国内专利代理师、国家知识产权运营平台实务专家，国际认证专利评估分析师（CPVA）、国际认证策略谈判师（CSN）、国际认证技术许可师（CLP）、知识产权国际仲裁员。在国内外专业期刊发表中英文知识产权论文20余篇，在各类知识产权会议做中英文主题授课近百场，参与撰写专业论著3部。擅长知识产权全方位解决方案设计，尤其是全球专利战略布局与商业化运营。

王剑宇 通过国家法律职业资格考试，先后取得华北电力大学法学学士和中国政法大学法学硕士学位。现任职知识产权出版社有限责任公司助理研究员、中知高德知识产权运营管理（苏州）有限公司总经理、泰州专利战略推进与服务中心有限公司总经理，第六届国家知识产权局机关团委委员、国家知识产权局骨干人才，"启迪之星·创业导师"。擅长知识产权宏观管理、知识产权运营平台规划和建设，尤其是企业知识产权商业化运营。

致　谢

感谢吉尔·佩尔伯格（Gil Perlberg）和吉尔·扎克曼（Gal Zuckerman）对本书的初稿进行审阅，你们所提的许多意见和建议已经纳入本书。当然，如果书中仍然有任何错误，都是我唯一需要负责的。

还要感谢帕兹·科科斯（Paz Corcos）出色的封面设计，同时感谢A.S.马泽尔（A.S. Marzel）为本书进行出色的排版设计工作。

作者：拉里·M.戈德斯坦先生

首先要感谢我的家人，正是由于你们的支持，我才能更好地聚焦于尚处于成长阶段的优赛诺（USino）品牌，其中就包括本书的翻译工作。

感谢优赛诺的同事，尤其是要感谢陈洁敏对本书翻译文字进行交叉信息检索和确认。

感谢本书的合译者王剑宇，没有你的默契配合和不时就翻译内容展开的"争论"，本书不可能得以完成。

感谢知识产权出版社的编辑，使得本书最终能够靓丽地呈现在读者面前。

译者：刘斌强

感谢刘斌强先生给我一个合作翻译的机会。自与斌强先生相识以来，无时无刻不被他身上不折不挠、奋发向上的精神所感染，在知识产权事业的征途上能有如此良师益友，实乃吾之大幸，我坚信优赛诺（USino）一定可以在斌强先生的带领下实现快速发展。

感谢家人的理解和支持，当然不仅仅限于对本书翻译的支持！

感谢知识产权出版社的各位同仁，尤其是知识产权编辑室卢海鹰主任团队，对本书出版的大力支持！

译者：王剑宇

原著前言

攻坚专利

本书的书名可能有"误导性"。事实上,不存在攻坚专利。专利从最初的申请到授权,再到诉讼和最终取得胜利,其间可能发生很多事情。在美国,专利可能会被美国专利商标局(USPTO)、联邦法院(Federal Courts)或国际贸易委员会(ITC)限制甚至判定无效。美国国会可以改变专利法律法规,导致专利无效或者使得专利没有实际价值。因此,无法撰写攻坚专利,因为该事项不存在,也永远不会存在。

既然如此,为什么本书还是取名为"攻坚"专利呢?因为这是我们所有人都应该力争获得的质量标准。我们应该始终保持这个理想状态。即使没法完全达到理想状态,我们也应当尽最大努力,使专利尽可能成为"攻坚"专利。

在笔者看来，绝大多数专利❶都没有想到要往理想状态的方向去走，这些专利中存在一个或多个严重的质量问题。在考虑技术和专利本质的前提下，这些质量问题并非不可避免；相反地，这些质量问题本身都是可以避免的。

本书的目的主要有两方面：第一，确定高质量专利的原则，这些原则可以让专利尽可能成为"攻坚"专利。第二，找出和定义阻碍专利成为"攻坚"专利的十大最常见错误，并解释如何避免这些错误。

几点简要说明

以下是关于本书的几点简要说明，希望能够帮助读者快速理解。

第一，本书中的观点仅仅代表笔者自己。例如，本书中所说的"10项最常见专利错误"毫无疑问在现实中是存在的，但认定它们是"最常见的"错误则只是笔者的判断。同样需要说明的是，虽然以第一最常见错误、第二最常见错误、第三最常见错误这样的方式列出专利撰写和申请过程中笔者认为的最常见错误，但笔者并没有外部证据表明它们客观上确实是第一、第二和第三最常见的错误。这只是笔者的个人评判。

第二，专利大致可以分为两大类，即以物理为基础的专利和以生物或化学为基础的专利。第一类通常被称为 ICT 专利（Information &

---

❶ 笔者不知道究竟有多少ICT（信息与通信技术）领域的专利存在这些缺陷，但个人估计超过99%的此类专利存在一个或多个严重的本可避免的质量问题。说得更严重些，几乎所有ICT专利的质量都比它们本应该的状态差。消除常见的专利错误，尤其是避免本书中讨论的10项最常见的错误，将提升专利的质量，获得更大的权利要求保护范围和/或加强面对无效攻击时的抵抗能力。

Communication Technologies），第二类通常被称为 BCP 专利（Biotechnology，Chemical，and Pharmaceutical），即生物、化学和制药专利。通常情况下，非 BCP 专利都可以自动归为 ICT 专利。因此，ICT 可以被认为包括信息技术专利，电子通信技术专利，以及机械、商业方法和软件专利。

第三，本书重点关注的是 ICT 专利，而不是 BCP 专利。笔者的技术背景是物理和电子通信，对于 BCP 专利领域不具备特别的专业知识。此外，尽管专利质量的基本原则和专利中的最常见错误确实适用于 ICT 专利和 BCP 专利，但需要记住这两类专利之间存在差异，因此在应用本书的建议时需要注意。

第四，笔者坚信专利质量的重要性。笔者相信高质量的专利对专利持有人和整个社会都有巨大的价值，还相信质量糟糕的专利在很大程度上是浪费时间和金钱。为了帮助提高专利质量，笔者写了"专利质量丛书"的 4 卷书。第一卷是 2013 年出版的《专利的真正价值：判定专利和专利组合的质量》（TPV）。TPV 详细讨论了大约 50 项专利，讨论的重点是"高质量"，而不是错误或失误。

本书是"专利质量丛书"的第二卷，是对 TPV 的补充。TPV 重点讨论"高质量专利"，本书则聚焦于那些阻碍专利成为"高质量"或"攻坚"专利的最常见错误。理解和避免这些常见错误是获得"高质量"专利的先决条件，也是最大限度地提高专利金融价值的先决条件。

"专利质量丛书"的第三卷是《专利组合：质量、创造和成本》。在"真价值"和"避免常见错误"的原则基础上，该书对"优秀的专利组合"进行定义，解释该如何创建这样的专利组合，并提供了获得此种专利组合所需的最常见预算编制方法。创建优秀的专利组合应该是任何有意保护创新和创造专利价值的企业或创新者的终极目标。因此，该书可谓是"专利质量丛书"中起自TPV并在本书中延续的高潮。

"专利质量丛书"的第四卷是《临时专利申请：使用与滥用》。许多专利申请人，尤其是它们打算在美国申请时，希望以尽可能最低的成本、不受形式要求限制的方式尽快提交。这些申请人经常提交"临时专利申请"（Provisional Patent Application，PPA）。PPA与常规专利申请有许多相同之处，但有其独有的特点和问题。2018年出版的《临时专利申请：使用与滥用》是"专利质量丛书"的尾声。

每章小结

第一章介绍专利的基础知识，主要包括如下两大方面：

（1）虽然专利是法律文件，但也是一个故事。专利讲述一项技术的现状，解释某项被发现和开发的发明，并对发明的至少一部分提出保护请求。这部分讲述了专利是如何讲述故事的，特别是专利中对故事有重大影响的部分，以及在讲述故事时容易出错的部分。

（2）第二部分解释了笔者认为最有效、最高效的专利申请撰写方式。在笔者看来，这种方法最有可能抓住发明的本质，并且最不可能导致常见的专利错误。

第二章介绍并讨论了以下几组专利质量原则：

（1）好的专利权利要求的特点；

（2）关键权利要求术语；

（3）权利要求类型；

（4）专利价值；

（5）种子专利；

（6）撰写专利申请的技巧。

第三章列举了笔者认为的 ICT 专利最常见十大错误。具体是，首先列明每个错误，然后用一个示例进行解释。对于其中的一些错误，读懂错误即理解如何避免该错误，但在某些情况下，笔者会提供如何避免该错误的进一步解释。这些最常见错误中的几种出现得实在太频繁了，即使是在一些优秀的专利中也会出现，笔者将这些错误称为"第一常见的错误""第二常见的错误"和"第三最常见的错误"。下面列出最常见 10 项错误：

（1）最常见的错误：关键权利要求术语不清楚；

（2）第二个最常见的错误：扩展不充分；

（3）第三个最常见的错误：（权利要求）并行瑕疵；

（4）书面描述中不必要的限制；

（5）权利要求差异化使用不当；

（6）缺少权利要求组合；

（7）在一项权利要求内元素组合不当；

（8）不当使用非标准术语；

（9）错误依赖前序部分；

（10）会破坏专利价值的外部事件。

第四章选择 20 世纪和 21 世纪的三件"攻坚"专利作为案例，其中每个案例都包括对本可以避免的专利错误的识别和解释。

（1）第二次世界大战中的美貌、智慧和专利：海蒂·拉玛专利（1942 年）。

（2）Monopoly® 专利是否真的能够获得垄断？（1935 年）

（3）苹果公司、三星电子专利战之滑动解锁专利（2011 年）。

第四章以表 4-5 结尾，该表对本章中讨论的所有专利与 10 项最常见专利错误进行总结比较。

目　　录

第一章　专利基础知识 ··· 1

　引　言 ·· 1

　1. 专利讲述的故事 ··· 1

　2. 撰写专利申请的步骤 ··· 7

　　第一步：创新点——从终点开始是确认创新点的方法 ········ 8

　　第二步：独立权利要求 ·· 9

　　第三步：从属权利要求与附图 ································· 10

　　第四步：识别和定义关键权利要求术语 ··················· 12

　　第五步：撰写通用部分 ··· 13

　　第六步：撰写（附图）简要说明 ······························ 17

　　第七步：撰写（发明）详细说明 ······························ 17

　　第八步：检查整个申请 ··· 19

　结　语 ·· 20

第二章　攻坚专利的撰写原则 ···································· 22

　引　言 ·· 22

　1. 好的专利权利要求的特点 ····································· 22

　2. 关键权利要求术语 ··· 25

— 1 —

3. 权利要求类型 ···································· 29
4. 专利价值 ·· 32
5. 种子专利 ·· 38
6. 撰写专利申请的技巧 ···························· 41
结　语 ·· 44

第三章　专利中最为常见的 10 项错误 ················ 45
引　言 ·· 45
1. 关键权利要求术语不清楚 ······················· 46
2. 扩展不充分 ····································· 51
3. （权利要求）并行瑕疵 ·························· 52
4. 书面描述中不必要的限制 ······················· 57
5. 权利要求差异化使用不当 ······················· 59
6. 缺少权利要求组合 ······························ 63
7. 在一项权利要求内元素组合不当 ················ 66
8. 不当使用非标准术语 ···························· 68
9. 错误依赖前序部分 ······························ 71
10. 破坏专利价值的外部事件 ······················ 74
结　语 ·· 77

第四章　攻坚专利案例 ······························· 79
引　言 ·· 79
1. 第二次世界大战中的美貌、智慧和专利：
   海蒂·拉玛专利 ·································· 80
   • 简　介 ·· 80
   • 专利 US2292387 ······························· 81
   • 书面描述 ······································ 84

- 权利要求 ·· 88
- 小 结 ·· 94

2. Monopoly® 专利是否真的能够获得垄断? ················ 95
- 简 介 ·· 95
- 这三项专利的书面描述 ···································· 100
- 从这三项专利提出的三个问题 ··························· 100
- 专利概述 ·· 101
- 总体评论 ·· 103
- 小 结 ··· 114

3. 近期专利诉讼中的优秀专利示例 ························ 115
- 简 介 ··· 115
- 专利 US8046721 的权利要求 8 ·························· 116
- 专利 US8046721 中的关键权利要求术语 ··············· 117
- 专利 US8046721 与常见专利错误对比 ·················· 122

结 语 ··· 126
后 记 ··· 131
原则清单 ·· 133
词汇表 ··· 136
参考资料 ·· 157
图表索引 ·· 164

— 3 —

第一章
专利基础知识

引　言

第一章包括两个部分，它们是本书的基础。

第一部分：每件专利都在讲述一个故事。这个部分聚焦于讨论专利是如何讲述它的故事的。我们只着重介绍一件专利中讲故事的那些内容，而不是试图把一件专利的每个部分都进行阐述。

第二部分：我们将详细介绍一种方法，利用该方法可以撰写得到攻坚专利（Litigation – Proof Patent，或者叫"经得住诉讼考验的专利"）。

1. 专利讲述的故事

一件专利的不同组成部分可能让人感到迷惑，但一件专利的核心部分却是清晰的。通常情况下，一件专利都会阐述如下内容：

(1) 某项技术的现状（在本发明之前的技术现状）；

(2) 本发明的各种实施方式；

(3) 本发明要寻求法律保护的部分。

如果故事讲得好，那么专利就是高质量的；如果故事里存在缺陷、矛盾，在错误的地方就进行讨论，或者含有未作解释的变型或者其他的表达问题，那么专利撰写就很糟糕，讲的故事也无法让人理解。

(1) 技术的现状应当在被称为"背景技术"或"本发明的背景技术"的部分简要讨论，而不应该在专利的各个部分进行讨论。事实上，在"背景技术"部分之外的地方讨论背景技术会造成混淆，从而无法分清楚所描述技术中哪些部分是在背景技术中的（通常叫作"现有技术"），哪些部分是本发明各个实施例中所包含的。背景技术必须只在"背景技术"部分讨论。❶

类似地，"背景技术"部分应当只包括背景技术，不要讨论与本发明关联的事情——不要将本发明创新点和实施方式放在"背景技术"部分。遗憾的是，这样的规则有时候遭到破坏，有时候在"背景技术"部分会出现本发明的定义或其他内容，结果就在背景技术和本发明之间造成混淆。❷

---

❶ 当然，在发明的详细描述部分或其他部分对发明实施例的讨论将参考现有技术来说明本发明如何工作。在这个意义上，本发明的描述必然依赖现有的技术。不过，这种讨论不会导致"背景技术"和"本发明实施方式"之间的混淆。这种混淆只会在背景技术部分之外的地方对背景技术进行一般性讨论时发生，因为读者无法理解哪些是背景技术以及哪些是本发明的一部分。尽管这个错误——在"背景技术"部分之外的地方讨论背景技术——的确在专利中会出现，但是并不特别常见。更为常见的是错误地把关键权利要求术语及其定义或发明实施方式的讨论包括在背景技术部分。错误地将发明内容包括在背景技术部分的做法永远不该发生，但（遗憾的是）这种情况并不罕见。

❷ 精心撰写的发明背景部分不对本发明进行描述，但可以描述本发明解决的问题，并通过这种方式来解释发明的特性。评估专利商业可行性的评估者经常会查看背景技术部分，因此清晰的陈述会有利于将发明解释给感兴趣者，并增加专利的价值。人们不会付钱购买或许可他们不理解的专利。

（2）发明会以各种表现形式在专利的几个特定部分进行描述，这些特定部分如下。

名称或发明名称：名称是读者最先看到的部分，并且给予读者关于发明的第一印象。我们希望名称能够准确地表达发明的整体。❶

摘要：摘要是对整个发明或者发明的部分实施方式进行概括。

发明领域：有时候也称为"技术领域"或简称"领域"。这一部分是可选的，假如有该部分内容，将采用非常简短的陈述说明专利所在的通用技术领域。❷

发明概述或简要概述（Summary），或"概述"：和摘要类似，概述也是对发明相对简洁的概括。不过，发明概述部分通常内容更多一些，并且应当非常简要地描述发明的每个实施例。

附图简要说明（Brief Description of Figures）：该部分对每幅附图都进行非常简要的描述，通常不会超过一句话。例如，附图4是存储电子信息装置的俯视图。这个部分的关键是不要写任何会限制发明保护范围的东西。上面刚刚给出的例子如果这样写可能会更好些：附图4是存储或传输信息装置的俯视图。第二种写法同时包括存储和传输，也没有被限制为电子信息。

"详细描述"（Detailed Description） 有时候也叫作"发明详

---

❶ 理论上，一个不正确的或窄的发明名称可能限制发明的范围。笔者目前还没有见到哪个法院作出这类判决，但这可能发生，因为发明名称是发明书面描述的构成部分。

❷ 如此短的一个部分，在发明领域可能难以撰写。发明领域不应该过于宽泛，这可能导致审查员或法院扩展对权利要求不利的可能的在先技术范围；发明领域也不应该过于狭窄，这可能被法院用于限制发明的范围。由于难以撰写的特性，发明领域部分经常会被略去。不管怎样，发明领域在用来快速表明专利所处大致领域时是有用的。此外，还有人会利用发明领域来将专利申请引导到（美国）专利商标局内部的特定审查部门。参见：FISH R D. Strategic Patenting [M]. Victoria：Trafford Publishing，2007：207-209.

细描述"：这是发明的主要描述部分，通常它会占整个专利描述一半以上的篇幅。详细描述部分通过大量细节对发明以及每个实施例进行定义。该部分的大多数内容将对专利中的每个附图进行讨论。每个附图中的每个元素都必须进行描述。发明当中凡是新的内容——笔者称为"创新点"（Point of Novelty，PON）——必须在专利中非常清楚地描述，而这往往就是在"详细描述"中完成的。

在专利的各个组成部分中，"详细描述"部分对于解释发明具有最重要的作用。遗憾的是，"详细描述"也往往是最容易包括可以避免的错误的部分，尤其是如下两种最为常见的错误——不清楚的关键权利要求术语和未充分扩展。因此，对于打造"攻坚"专利而言，"详细描述"部分是极为重要的内容。最后，有一个词要注意避免混淆。一件专利中有两处使用"说明"（Description），即附图简要说明、发明详细描述。实际上，所有具有实质性内容的部分，包括发明名称、摘要、技术领域、发明概述、附图简要说明、发明详细描述和用作创新性概念对比的背景技术部分，都对专利进行解释。一件好的专利会匹配权利要求中使用的术语与整个"书面描述"（Written Description）中对那些术语的解释，包括刚才列举的所有部分。在本书中，笔者将使用"书面描述"来指代专利中所有用来解释发明、实施方式和专利中关键术语的内容。❶

---

❶ 每个部分都"描述"发明的某方面特定内容，而不是整个发明或所有的实施方式。与之相对应，专利术语"书面描述"被用于指代所有的单个部分，这些单个部分一起构成专利的解释、实施方式和关键术语。如果要特指专利中的某个特定部分，那么将使用相应的名称和大写首字母表示，例如详细描述（Detailed Description）。而当意指描述发明的专利整体时，将使用"书面描述"。需要注意的是，尽管"背景技术"部分包括在"书面描述"中，背景技术部分只用于引入通用主体并指出现有技术中存在的问题，但绝不会陈述发明的实施方式。需要记住的是，"书面描述"也包括对附图中每个元素的描述。

附图：附图是图表或流程图形式而不是文字记载形式。附图与详细说明部分协同作用。每个附图中的每个元素都必须在详细说明部分进行描述。一件专利中的每个独立权利要求必须有至少一幅相应的附图。❶ 有些专利包括一个或多个用于描述背景技术的附图，如果附图被清楚地标示为现有技术或背景技术，那么这种做法是可以接受的。专利还包括许多其他部分，它们与专利申请时间、授权时间、发明人、优先权日期、所有人以及许多其他因素有关。这些部分非常重要，不过它们与讲述专利的故事没有关系。

（3）背景技术和"书面描述"讲述专利的故事，但是并不设定法定保护的边界。法定保护边界由权利要求进行限定。权利要求是一件专利极其重要的部分。1990 年，一位非常有名的专利法官写下了这句专利界的名言：这个游戏的名字是权利要求。❷ 这句话有两重含义。第一，专利的价值最终由权利要求（连同用于支持权利要求的书面描述）决定。第二，专利提供的法定保护范围只能和专利权利要求限定的范围一样宽。由于本书中讨论到在专利中出现的诸多错误，保护范围可能更窄，但不管怎样，保护范围永远不会比授权专利的权利要求更宽。尽管权利要求和书面描述紧密相关，但两者

---

❶ 独立权利要求独立存在，不依赖于任何其他权利要求。在所有专利中，权利要求 1 总是独立权利要求，而其他权利要求可能是独立权利要求。不过，如果一项权利要求引用之前的另外一项权利要求，那么作出引用的权利要求就是"从属"的（权利要求）。例如，假定权利要求 1 是"一种植物"，权利要求 2 是"如权利要求 1 所述，进一步包括花"。权利要求 1 是独立权利要求，而权利要求 2 是依赖于权利要求 1 的从属权利要求，权利要求 2 包括一种具有花的植物。

❷ 吉尔斯·S. 里奇（Giles S. Rich）是当时美国下级联邦法院专利判决的唯一上诉法院的前主法官。参见其著作：RICH G S. The extent of the protection and interpretation of claims: American perspective [J]. 21 International Review of Industrial Property and Copyright Law, 1990: 497, 499.

之间还存在本质差别。书面描述和附图在专利申请提交的时候大多就已固定。后续可能允许作小幅的改动，但任何实质性的改变或添加实质性的新内容，都会导致新的申请日期（至少对于改变或增加的内容而言是这样的）。由于保持一个早的申请日期对于专利的价值至关重要，新的申请日期通常会——有时候会急剧地——减少专利的价值。因此，专利撰写人员和专利所有人通常都明白，书面描述和附图在最初申请的日期就已固定。虽然书面描述是相对静态的，但是权利要求是动态的。只要专利申请还处于未结状态，权利要求就代表专利所有人希望获得的法定保护范围。当专利被授权时，权利要求代表专利局允许给予的保护范围。也就是说，授权的权利要求决定专利所有人实际获得的保护范围。申请时的权利要求和授权的权利要求通常差别很大，该差别是专利申请人和专利局之间被称为"专利审查过程"导致的。在专利审查过程中，申请人提交权利要求，专利局作出审查意见，申请人对审查意见进行答复，专利局再作出审查意见，如此往复，双方就将授予的权利要求达成一致。❶由于授权的权利要求既由提交时的权利要求决定，又由专利审查过程中对提交的权利要求的改动决定，本书中讨论的那些主要针对权利要求的错误，既可能在专利撰写时发生，也可能发生在专利审查过程中。例如，详细描述部分的内容和权利要求部分的内容可能互相冲突。这种冲突既可能在撰写原始专利申请时就存在，也可能是在专利审查过程中对权利要求的改动而导致。笔者在本书中不会以

---

❶ 申请人与专利局之间的交互通过书面方式进行，这一书面交互记录被称为专利的"文档历史"。专利文档历史主要包括申请人的申请文件、专利局发出的通知书和申请人答复通知书的"审查意见答复"。在大多情况下，在专利被允许授予之前，专利审查员会撰写"授权通知"，其中包括"授权理由"，这也会成为记录的组成部分。文档历史虽然不是专利公告的实际组成部分，但却是解释专利时不可分割的组成部分。

错误产生的阶段进行区分,相反,将聚焦于可以避免的错误,不论它们是什么时候产生的。❶

2. 撰写专利申请的步骤

当产生并开发出一项创新性的构思后,就可能撰写一件专利申请对该构思进行解释并保护起来。撰写专利申请有不同的方法,不过笔者认为下面这种特定的方法既有效(包括整个发明和其所有实施方式)又高效(采用最合理的时间和精力撰写申请)。这里用一个表格列举该撰写方法的步骤(参见表1-1),随后将对该方法的每一步进行解释。

表1-1 撰写专利申请的步骤

1. 确定创新点
2. 规划,然后撰写独立权利要求
3. 规划,然后撰写从属权利要求和绘制附图
4. 明确并对"关键权利要求术语"(KCT)进行解释
5. 撰写常规内容部分——名称、技术领域、背景技术、发明概述和摘要
6. 撰写附图简要说明
7. 撰写附图详细说明,并解释每一个"关键权利要求术语"
8. 检查整个申请:确认常见错误都已经避免

---

❶ 不论是撰写期间还是审查期间出现的错误,在法律层面都是没有差异的。在实务中,专利撰写的整个过程是申请人可控的,因此,在撰写过程中出现本可以避免的错误,则是申请人或其代理人的唯一责任。与之相对地,专利审查过程中很多事情都可能发生,在此期间发生的错误尽管是可以避免的,但更容易(得到)理解。不论如何,本书不是关于专利审查的,也不是关于专利撰写和专利审查之间差异的,因此不会对此继续展开讨论。

第一步：创新点——从终点开始是确认创新点的方法。 在写下任何东西之前，您必须明白希望保护的是什么。笔者称为"创新点"。创新点是发明当中：（1）您认为是创新内容；（2）您希望用独立权利要求保护的。识别创新点必须是专利申请的起点。在撰写之前，您需要知道专利在哪里结束。只有知道要去哪里，您才可以开始撰写。❶

基于每个人不同的专利撰写理念，第一步还可以包括其他事项，尽管最终的目标是以专利申请要保护的创新点终止。例如，许多专利代理师建议在开始撰写之前进行现有技术的检索。现有技术检索具有两方面的作用。

第一，清楚地理解已有的东西，并使用该知识来定义与发明人披露的各个实施例最为密切相关的创新点。如果专利权人认为创新点的某个概念已经在现有技术中存在，那么该创新点实际上就不是新的。或者，如果创新点的特定方面或实施方式可能在现有技术中已经存在，但如果对其进行修改以避免现有技术，则该创新点仍然是可行的。

---

❶ 或如俗语所言："如果不知道您要去哪里，任何一条路都会带您到那里。"这就像柴郡猫给爱丽丝的建议，尽管柴郡猫从来没有这么说过。在刘易斯的《爱丽丝梦游仙境》（*Lewis Carroll's Alice in Wonderland*）第6章中，实际的对话是：

爱丽丝：请问，您能够告诉我，从这里我应该走哪条路吗？

柴郡（猫）：这很大程度上取决于你想去哪里。

爱丽丝：我不在乎是哪里。

柴郡（猫）：那么你走哪条路也所谓。

爱丽丝补充道：——只要我能够到达某个地方。

柴郡（猫）：哦，当然了。只要你走得足够远。

笔者更喜欢实际的对话，而不是广为流传的误引用。如果您在撰写专利申请的时候，并不知道将要到哪里，那么您最终的确能够到达某个地方，但当您到达那里时可能并不满意。也就是说，如果您不知道您想要在专利中保护什么，那么您真的不知道专利会在哪里结束，而这是在一项专利申请上浪费时间。在开始撰写一件专利申请之前，定义创新点是必须做的第一件事情。

第一章　专利基础知识

第二，为了清楚地理解现有技术不包括什么，可以将专利保护的概念扩展到最大的可能范围——尽管这种扩展并不是发明人最初实施方式的一部分。权利要求可以包括发明人的实施方式，以及可行的替代方式——发明人可能没有考虑到，或者发明人没有打算在实际产品或服务中实施。也就是说，专利权利要求的保护范围可以比发明人的产品计划要宽。专利律师将此称为"市场导向"（或"空白点专利策略"）而不是"发明导向"式专利保护。❶

现有技术包括现有技术检索，本身是一个范围非常广的主题，本书后续不对其进行讨论。目前而言，需要明白对发明的任何在先处理以及任何现有技术检索，必须最终以对创新点的清楚理解结束。这种理解是撰写专利申请的目标和撰写步骤中第一步的终点。❷

第二步：独立权利要求。 当确定创新点后，必需的第二个步骤就是规划独立权利要求。每个创新点必须至少具有一个独立权利要

---

❶ "市场导向"式专利保护的概念用来确定本发明所在技术领域中市场上所有竞争者都没有保护或甚至没有披露的替代解决方案和实施方式。如果当前专利申请的权利要求能够预测未来的市场方向，那么专利将变得非常有价值。"市场导向"式专利保护也被称作"空白点专利策略"，在这种情况下，发明人和专利撰写者必须识别市场上没有被申请保护的"空白点"，然后在新申请的专利中将这些空白点保护起来。参见：Robert D. Fish. White Space Patenting:"Patenting Ideas, Not Just Inventions" (Fish & Associates, Irvine, CA, November, 2013).

❷ 从某种意义上说，专利是发明开始的过程的顶点。因此可以说发明与专利是同一个过程的组成部分，关于创新和专利都可以写一本书，不过本书仅关注后者。相似地，有人认为在先技术检索也应该视作创新与专利过程的组成部分。检索与阅读在先技术的过程——这么做的原因、什么时候该做或不该做、如何做、检索的结果以及其他方面——是一个非常有意思和重要的话题，不过不是本书的讨论内容。

— 9 —

求❶，并且每个独立权利要求应该仅包括一个创新点❷。此外，对于每个创新点，您希望使用什么类型的独立权利要求？您希望使用"结构权利要求"或者"方法权利要求"或者两者兼备？❸ 如果您希望是"结构权利要求"，那么是什么样的结构权利要求呢？系统、设备或组件？您可以选择为同一个创新点使用不同种类的独立权利要求。如果这样做，您是否希望通过使用被称为"并行权利要求"❹的技巧来最大化专利保护。一旦您决定用于创新点的独立权利要求，那就写下这些权利要求的第一稿。

第三步：从属权利要求与附图。这一步就是撰写从属权利要求和完成附图了。这样描述第三步，是因为从属权利要求和附图两者中的任何一个都不是另外一个的先决条件，但是在我们进入下一步之前必须完成这两者。因此，可以先撰写从属权利要求，或者先绘制附图。对于从属权利要求，先问自己这样几个问题：可以加入什么特征或要点，从而提高独立权利要求的有用性或价值？这些特征

---

❶ 如果一个创新点没有至少一个独立权利要求，那么您（实际上）已经决定这个根本不是创新点。一个创新点就是您决定要用一个权利要求进行保护的一项创新。

❷ 在一个独立权利要求中包括两个或更多创新点是错误的，因为（同时包括）多个创新点会不必要地限制权利要求的保护范围。如果有多个创新点，那么为每个创新点相应设置一个独立权利要求。如果愿意，您可以在继续申请中捕捉在第一个申请中没有描述的一些创新点。不过，总体意图应该是及时要求保护每个创新点，并且每个创新点都应该通过一个或多个独立权利要求进行保护。

❸ 不要在思考"我只有一个方法权利要求"或"我只有一个结构权利要求"时搞混淆。方法权利要求与结构权利要求之间的界限往往非常小。在很多情况下，事实上笔者想说是大多数情况下，可以采用方法或结构或两者来描述同一个创新点，在 TPV 一书第 7 章和其他专利文献中讨论了如何在方法和结构权利要求之间进行转换。

❹ 第 3 章将讨论"并行权利要求"。"并行权利要求"是一项技巧，笔者甚至认为这是唯一一个最大化创新点的专利保护（范围）最强有力的技巧。不过，并行权利要求的技巧必须正确使用。不正确地使用该技巧是"有缺陷的并行"，而正如第 3 章中解释的，这是专利中第三个最为常见的错误。

或要点中哪些优先级更高？优先级高的特征或要点将成为从属权利要求的要素。在很多专利中，同样的特征或要点成为两个或更多独立权利要求的从属权利要求——这并不是强制性的，但是完全明智的做法。撰写从属权利要求的常见问题不是如何简化创意（Ideas）而应该是如何扩展——在大多数情况下，需要对在从属权利要求中进行限定的诸多选项中进行选择。

绘制附图有一些基本的规则。第一，每件专利都需要有至少一个结构附图和一个方法附图。不要有例外——您的专利必须有至少一个结构附图和一个方法附图。第二，每一个独立方法权利要求必须有至少一个方法附图和一个结构附图来支持。方法附图显示独立方法权利要求的特定步骤。每个独立方法权利要求都应该有它自己的方法附图，因为每个独立权利要求的方法都是不同的。结构附图显示至少一种可以支持方法执行的结构。一个结构附图可以支持两个或多个方法权利要求。需要注意的是，这里使用"支持"（Support），意思是您必须有能力这样说：独立权利要求的方法可以在附图 X 所示的结构上执行。虽然没有必要在专利中撰写这句话，但是您需要确保在需要时可以作出这个陈述。第三，每个独立结构权利要求必须有一个结构附图来支持。通常情况下，这样就可以了。尽管如此，还可能更进一步，比如说"结构权利要求 C 中的结构特征可以支持附图 Y 显示的方法"。

让我们用一个表格来进行总结❶，如表 1-2 所示。

---

❶ 这里所说的一切都只适用于 ICT 领域的专利，这里的大部分意见很可能也适用于 BCP 领域的专利。但对于 BCP 专利，可能存在笔者并没有注意到的变化或细微差别，因此，笔者不对 BCP 专利进行任何评论。

表1-2 独立权利要求的附图要求

独立权利要求类型	权利要求必须有附图吗?	权利要求必须有一个支持性附图吗?
方法权利要求	是的,必须有一个方法附图	是的,必须有一个结构附图
结构权利要求	是的,必须有一个结构附图	不是必须,是可选的,可以提供方法附图

第四步:识别和定义关键权利要求术语。当撰写完包括所有权利要求和附图的第一稿后,接着就是规划说明书了。首先要识别权利要求中的关键权利要求术语(Key Claim Terms,KCT),并且要百分百地做到,每个关键权利要求术语都在说明书中予以了充分的解释。一个关键权利要求术语是一个权利要求中的一个词或一段话,可以定义权利要求的属性或范围。事实上,如果没有清楚地理解权利要求中出现的关键术语,就无法理解权利要求(的保护范围)。没有解释关键权利要求术语是专利(撰写)中最为常见的错误,并且在大多数ICT领域专利中存在。❶

关键权利要求术语可以采用以下三种方式中的一种或全部进行解释。❷

(1)在发明概述或发明详细描述部分,写下关键权利要求术语的定义。这也是笔者个人倾向的做法。

---

❶ 每件专利都会解释一些关键权利要求术语,但很少有专利能正确解释所有关键权利要求术语。也就是说,大量ICT领域专利要么没能解释,要么错误地解释其一个或多个关键权利要求术语。而在专利诉讼中,"基本足够"是根本不能接受的,因为一个不清楚的关键权利要求术语就能毁掉整个专利。

❷ 第四种解释关键权利要求术语的方法是"权利要求差异化",这种方法是给法院的,因此专利撰写者绝不应该依赖该方法。专利撰写者专有意依赖于"权利要求差异化"来解释关键权利要求是常见的错误之一,我们将在第三章中对其进行讨论。

第一章 专利基础知识

（2）对关键权利要求术语给出多个可能实施方式的例子——通常做法是列出可选项。

（3）在附图中显示关键权利要求术语，并在发明详细描述部分进行解释。

表1-3对上述三种方式的优缺点进行总结。

表1-3 解释关键权利要求术语的技巧

解释方式	主要优点	主要缺点
（1）给出定义	易于控制❶	显得抽象
（2）列出可选项	易于理解	定义边界不清晰
（3）在附图中显示	易于快速理解	仅有一个例子（因此可能受到限制）

解释关键权利要求术语最好的方法是组合使用上述三种方式。在某些情况下，解释一个术语会把三种方式都用上，这种组合式做法非常有力（前提当然是在不同解释方式之间不存在矛盾）。

识别关键权利要求术语也可以在撰写专利申请文件的最开始，即第一步，作为解释创新点的一部分。不过，笔者的经验是，在撰写权利要求之前，几乎不太可能捕捉到所有的创新点——新点子会出现，不同的点子会合并以及某些点子可以进一步扩展等。在撰写权利要求的过程中，往往会出现更多重要的术语。因此，应该在撰写权利要求并绘制附图之后，在第四步识别和解释关键权利要求术语。

第五步：撰写通用部分。 这一步是撰写专利的五个通用部分，按照其出现的顺序，即名称、发明领域、背景技术、发明概述和摘

---

❶ 根据法律，专利撰写者是他或她自己的自造词者。在一定的合理限度内，专利撰写者可以最适合于增强权利要求保护范围和有效性的方式来定义专利中的术语。

要。其中，名称、发明领域、发明概述和摘要与本发明及其实施例相关，背景技术则是这些部分的基础。不过，这些部分的主要功能或许不是对本发明进行详细描述，而是要让专利评估者和其他读者非常快速且准确地了解。分析专利包（尤其是包括成千上万甚至更多专利的相对大型专利包）的专利评估者一般花费非常少的时间来对单件专利进行初步评估——通常只有两分钟或更短。如果评估者能够快速明了专利讲的故事，并且觉得故事有意思，他们就会花费更多时间；如果评估者不能够在给定的短时间内理解故事的精髓，他们基本上就会继续评估下一件专利。评估者几乎总是审阅这五个部分，哪怕是在快速审阅的情况下。可见，这五个部分是撰写人员快速与读者交流专利内容的最佳之处。

专利的名称必须简短，对本发明的总体情况进行描述，并且足够宽泛，从而可以覆盖当前专利要保护的实施方式以及将来可能要求保护的其他实施方式。尽管如此，发明名称也不可以宽泛到从不相关技术领域检索现有技术的地步。笔者的经验是，发明名称的撰写是一项具有一定难度的任务。

相比之下，发明领域通常比较难以撰写。该部分是可选的，也许是因为撰写难度较大，该部分通常会被省略。与发明名称相似，发明领域也应该比较简短，并且是描述性的，不过发明领域需要包括本发明的总体情况以及背景技术内容。正是扩大专利主题（范围）和限制可能用来缩限权利要求的相关现有技术范围这两个互为竞争性需求的平衡，往往使得发明技术领域非常难以撰写。

背景技术陈述专利的领域并对技术当前状态的相关内容进行解释。在背景技术部分，陈述本发明要解决当前技术中存在的限制或缺点是可以接受的，但绝不应该陈述解决方案或创新点。将背景技

第一章 专利基础知识

术与本发明的创新点混在一起是严重的错误，因为读者永远都不能确定哪些是背景技术（因此构成现有技术），哪些是本发明的一部分。类似地，不要在背景技术部分对任何关键权利要求术语进行定义，因为这样做也会导致混淆。❶ 背景技术部分应该非常地简短并且直击要点，即仅关注技术现状，不要讨论甚至不要提及本发明或专利中描述的任何实施例。

对于发明概述，通常有两种不同但可被接受的方式。实际上，有人在发明概述中同时使用者两种方式。一种方式是简单地对本发明各种实施方式的操作、结构和主要优点进行简要解释或"总结"。另一种方式是采用修改或简化的形式把所有独立权利要求再陈述一遍。如果目的在于提醒读者注意，则第一种概述的方式可能更好一些❷，因为它只要总结本发明的几个关键方面即可；如果是为了在书面描述中给权利要求提供明确的支持，则优选第二种重新陈述独立权利要求的方式。❸ 不过正如前面所述，一些专利撰写者会在发明概述部分同时采用这两种方式。

摘要的真正目的就是让读者注意到专利的主题，也即让读者知道专利要保护什么。不管出于什么原因，人们评估专利的时候都会仔细

---

❶ 笔者已经看到很多这样的情况，即在"背景技术"部分出现（术语）的定义或解释，后来在权利要求被用作关键术语。为什么要这样做呢？（这样做）几乎可以肯定必然导致混淆。相反地，（应该）在发明概述或详细描述中解释关键权利要求术语，而不是在背景技术中。

❷ 除了独立权利要求，许多专利评估者只阅读专利的通用部分，即名称、摘要、发明概述、发明领域，还有可能阅读背景技术。如果读者无法通过阅读这些内容掌握发明的精髓，就很可能会跳过这件专利继续阅读下一件。为了捕捉读者的兴趣和注意力，第一种方式即在发明概述部分进行简要说明是最好的做法。了解更多相关信息，可参阅 TPV 一书第 2 章。

❸ 此外，有人试图在发明概述中不作任何揭示。他们害怕发明概述中没有包括的内容将来会被排除在外，或者发明概述中的错误陈述可能对整个发明造成限制。这就是对于发明概述使用第二种方法的另一个原因。

地阅读摘要❶，而摘要也因此成了向读者解释专利的最佳机会。摘要应当采用可以快速理解的语句总结一个核心创新点或最多两个创新点。这非常重要，如果人们无法理解专利，则其毫无价值。❷

这里对专利（文档）通用部分给出的顺序——名称、（发明）领域、背景（技术）、（发明）概述和摘要，这是在提交给专利局的申请中最为常见的出现顺序。笔者的观点是，在撰写这些通用部分之前，完成前面的步骤尤其重要——创新点、权利要求、附图、附图标记和关键权利要求术语。一旦前面的步骤完成，专利撰写者就能凭借足够的信息来撰写专利的五个通用部分。而在笔者看来，撰写该通用部分的特定顺序并不是最主要的。

不过，也有人不同意（笔者的观点），至少有一位专利律师认为撰写通用部分的顺序应当是（发明）概述、摘要、名称、背景（技术）（发明领域部分的位置没有明确，不过很可能是在标题和背景技术之间）。❸ 这样安排顺序的理由是：第一，（发明）概述很大程度上是采用"白话"（日常用语）的形式对权利要求进行陈述；第二，（发明）概述相对具体，其后是更为宽泛的摘要，摘要之后是更为宽泛的标题；第三，背景（技术）只是一个"稻草人"问题，其必然会在发明的实施例中解决，因此，必须在撰写背景（技术）部分之

---

❶ 谁（会来）评估专利？（1）寻求购买或许可专利的人。（2）被指控专利侵权的人。（3）希望避免侵权的竞争对手。（4）对正被购入或售出的拥有（该）专利的公司进行尽职调查的人。（5）诉讼中的法庭或陪审团。（6）任何有兴趣与专利所有人做生意的人——作为朋友或敌人——都可能要评估专利。

❷ 反过来可能成立，也可能不成立。换句话说，如果人们能够理解专利，他们可能会发现专利的价值，但也可能得出专利没有价值的结论。评估者能够理解专利是体现专利价值的必要条件，但不是充分条件。此外，并不要求每个评估者都理解该专利，但专利要有价值，则必须至少有一些评估者——潜在的被许可人、潜在买家或法院——理解（该）专利。

❸ 参见：《空白点专利策略》（*White Space Patenting*）第 193~194 页。为便于读者查阅，此处页码指原版书页码。类似情况不再赘述。——编辑注

前就非常清楚地理解实施例。❶ 笔者对通用部分的这种顺序并无异议，撰写这些通用部分的最终顺序是个人偏好问题。

第六步：撰写（附图）简要说明。此时，包括专利所有权利要求、所有附图和所有通用部分在内的草稿应该已经准备好。这一步就是撰写（附图）简要说明。在这个部分要对每个附图都进行简要的描述，切记不要使用任何限制附图范围的用语。

第七步：撰写（发明）详细说明。撰写（发明）详细说明，就可以完成申请的撰写了。笔者的意见是，详细说明部分应该以"定义部分"开始，在这里可以对每个关键权利要求术语进行定义。可选地，也可以在贯穿这个详细说明部分，当关键权利要求术语出现时，对其进行定义，而不是在一个专门的部分对关键权利要求术语进行定义。不过，笔者倾向于使用（专门的）"定义部分"方式，理由如下：(1) 定义部分可以让撰写者在整体上控制对关键权利要求术语的解释；(2) 定义部分可以确保每个认定为关键权利要求术语的术语都会在（发明）详细说明部分进行适当的定义。❷

（不管）使用或者不使用"定义部分"这样的过渡语句，（发明）详细说明部分都以两种方式的一种开始。第一种，有人会（用1~3句语）撰写专利的简短概要，然后撰写附图的详述部分；第二

---

❶ 参见：《空白点专利策略》（*White Space Patenting*）第 193~194 页。

❷ 2014年6月2日，美国专利商标局启动了一项试点计划，计划主题是在 ICT 领域专利的详细描述部分添加"定义部分"或"术语表"。参见：http://www.uspto.gov/patents/init_events/glossary_initiative.jsp. 虽然笔者认为增加这样的"定义部分"是较优的做法，但该试点计划的最终结果尚不清楚。而事实是，只有少数 ICT 领域专利在详细描述部分包括"定义部分"。最常见的替代做法，即当术语在申请中出现时对其进行定义。不过，这种做法存在这样的风险，即一个或多个关键权利要求术语没有被识别或没有在专利中被定义。这种情况在 ICT 领域专利中一直都有——人们经常未能定义一个或多个关键权利要求术语。在接下来的第四章，我们将在被分析专利中看到几个这样的错误例子。

种，有人会直接撰写附图详细说明，而不需要简述（部分）。只要不限制权利要求的范围，使用简述部分来开始（发明）详细说明部分是可以的。如果简述部分与发明概述或摘要部分重复甚至完全重复，只要简述部分与专利的其他部分没有矛盾，也是可以的。

（发明）详细说明的主体部分应该是对每幅附图进行讨论。每幅附图中的每个元素都应该进行解释，至少要简要地解释。在解释附图元素时，人们通常定义或列举几个术语的例子。事实上，我们可以这样总结发明详细描述部分，其核心尤其是发明详细描述部分的主体，就是对每幅附图的每个元素进行解释，同时对每个关键权利要求术语或专利中的其他重要词语（采用明确定义或举例的方式）进行解释。发明详细说明部分，就是要解释尽可能多的发明可能的实施方式，在避免使用限制权利要求范围用语的同时，可以增加可能扩大权利要求范围的用语。

在解释完附图元素和其他术语之后，有人会在发明详细说明部分对每个权利要求进行概括。这样做的目的是希望在书面描述中为权利要求提供非常清晰的支持。在一些情况下，某些权利要求会采用替代方案的方式陈述，即不使用权利要求出现的形式，而是使用权利要求本来可以出现的形式。这种做法既可以扩大权利要求的范围，又可以为将来的继续申请奠定基础。不过，在发明详细说明部分对权利要求进行概括的做法只在少数 ICT 领域的专利中出现。

通常是在发明详细说明的结尾部分，有些专利讨论发明各种用途。笔者曾经见过列举多达 20 种用途的发明详细说明，但不管有多少种用途，每一种用途都必须足够详细地进行描述，使该用途可以支持一个或多个独立权利要求。此外，如果对用途进行讨论，那么增加尽可能多的合理可能用途是重要的。非常有限的几种用途，例如一种或两种，会让法庭认为专利仅限定在这些特定的用途上。大多数 ICT 领域的专利不会列举用途，但一旦出现用途列表，就可以成为扩大所描述发明范围非常有用的工具。除了在详细说明结尾使用用途列表的方式，有些专利会把用途示例贯穿在详细说明部分。同样地，只要没有漏掉重要的用途示例，这种做法也是可以接受的。

在详细说明部分的最末尾，即权利要求部分之前，是惯用语段。大意是，详细说明部分解释的实施例不是限制性的，该发明还包括本领域技术人员能够理解的其他与本专利主题相关的实施方式。下面是一个（发明）详细说明部分结尾的惯用语段：

> 尽管以上仅描述了一些实施方式，对于本领域技术人员而言，许多可选的实施方式、修改或变型是显而易见的。因此，书面说明也包括所有类似的可选实施方式、修改或变型，并落入其精神和宽泛范围之内。

并非所有的美国 ICT 领域专利都有这样的惯用语段，不过大多数都有，并且都以此结束发明详细描述部分。❶

第八步：检查整个申请。应该再次审阅权利要求以识别关键权利要求术语。建议请实际撰写者之外的人来审阅，对于花了数十个小时工作的实际撰写人而言，自己清楚的内容对于第一次看到文件草稿的读者而言可能是不清楚的。对于那些对申请人重要的专利，

---

❶ 根据笔者的经验，源自（在先）欧洲专利申请的美国专利通常在详细描述的末尾没有这样的扩展性标准语段。也就是说，一些源自（在先）欧洲专利申请的美国专利的确会有这样的标准语句，但笔者的经验是，大多数是没有的。相反，多数源自（在先）美国专利申请的美国专利会有这样的标准语言。

尤其推荐采用这种审阅方式。

不管是谁来审阅,都应该识别关键权利要求术语,并确保每个关键权利要求术语都在专利中进行完整、充分的解释,或者该关键权利要求术语在所属技术领域内是被充分理解的并且合理情形下不会有混淆。通过审阅,还要确保不会有最为常见的专利错误。❶

结　语

未能合理地执行撰写专利申请所需的步骤,往往导致专利中出现错误。撰写专利时一些常见的问题包括:

(1) 创新点混乱。如果一项发明的创新内容对于撰写者而言是不清楚的,则不可能撰写好专利申请。

(2) 在开始撰写前未能规划好权利要求。

(3) 未能识别关键权利要求术语。❷

---

❶ 在这里提出的专利撰写模式中,第四步和第八步需要对撰写的内容进行审查,并在必要时重复之前已经撰写的内容。第四步确保识别和解释关键权利要求术语。如果之前没有对关键权利要求术语进行解释,那么要在第四步中对它们进行解释,或者可以重写权利要求,从而在权利要求中删除该特定术语。在第八步,要从清楚和全面的角度检查整个(专利)申请(文件)。另外,第四步和第八步的审阅程序要发现最为常见的错误。如果在草稿中出现这样的错误,则需要重新撰写申请以便消除这些常见的错误。在理想状态下,不需要第四步和第八步,但专利撰写者不是完人,因此应该进行审阅和修正。审阅和修正步骤是保证专利申请质量的一种方式。

❷ 未能解释识别关键权利要求术语通常不是问题。如果一个特定术语被确定为需要进行解释,那么在绝大多数情况下,该术语会以某种方式被解释(由于各种原因,术语的解释可能不充分,但几乎总是会尝试对其进行解释)。更典型的问题是词语或短语未被识别为关键权利要求术语,从而根本没有对其进行解释。一开始不认为重要的术语可能在专利审查或专利诉讼过程中变得重要,但到那个时候,想在书面描述中解释这个术语为时已晚。的确,识别并解释关键权利要求术语是专利律师或专利代理师最为困难的任务之一,但也是获得高质量和高价值专利最为重要的任务之一。

（4）不清楚（专利文件）每个部分的作用。❶

一个撰写专利的好方法应该包括发明内容、所有的创新点及其实施方式。该方法需要识别所有的关键权利要求术语，并确保每个关键权利要求术语采用三种解释关键权利要求术语的技巧中一种或多种进行充分解释。ICT领域专利的撰写应该按照以下顺序分三块进行：

（1）创新点（可能包括现有技术检索）、权利要求、附图和关键权利要求术语。

（2）通用部分，即名称、发明领域（可选）、（发明）概述、摘要和（发明）背景技术。

（3）简要说明与详细说明。

---

❶ 例如，背景技术部分的唯一目的是为书面描述其他部分设定背景，但绝不要包含发明的内容。专利的每个部分都有其作用。

第二章
攻坚专利的撰写原则

引 言

第二章展示了撰写攻坚专利的30条原则。这些原则按照如下6个通用主题组织：（1）好权利要求的特点；（2）关键权利要求术语；（3）权利要求类型；（4）专利价值；（5）种子专利；（6）撰写专利申请的技巧。

第二章以主题（6）"撰写专利申请的技巧"结束，这些技巧意在作为连接第一章和第三章的桥梁。其中，第一章以撰写（专利）申请的方法结束，而第三章则详细描述撰写专利申请时最为常见的错误。

1. 好专利权利要求的特点

所有专利的保护范围都是由出现在（专利文档）结尾的权利要

求决定的。[1] 每项权利要求都包括三个部分，它们是前序部分、过渡（或过渡语句）和技术特征。人们通常仅关注技术特征，认为只是技术特征决定权利要求的质量。事实上，权利要求的每个部分都有其作用，因此每个部分都能够增强或降低权利要求的质量。

原则 1：简短的前序部分是好的。诸如"一种通话系统"的前序部分可能看起来太短，事实是它引入了主题，为随后的内容作了铺垫，并且避免了混淆。

原则 2：少量的权利要求技术特征通常是好的。每一个权利要求技术特征都会给权利要求增加侵权者必须实施的另外一个特征或维度。换句话说，权利要求中的技术特征越多，必须被实施的特征也越多，则潜在侵权者更可能逃避责任。当人们（包括专业的评估者）评估独立权利要求时，他们要做的一件事情就是数一下权利要求中的技术特征数量，技术特征越多，权利要求（保护）可能越弱。

原则 3：权利要求中的上位技术特征通常比下位技术特征更好。上位技术特征是指可以用许多不同方式应用的特征，因此可以"抓住"许多侵权者；反过来，技术特征越下位（或具体），则侵权者要么可以通过在现有系统或方法中不实施该下位技术特征，要么可以通过设计一个产品或服务来避免该下位技术特征，从而躲避责任。例如，"通信系统"是相对上位的，因此覆盖面高，"无线电通信系统"则没有那么上位，因此覆盖面更低，"第三代无线电通信系统"是特定选项，因此很难"抓住"潜在侵权者。这并不是说下位技术特征是无用的，因为的确有很多实施"第三代无线电通信系统"的人，但这一点仍然是明确的，即使用下位技术特征的权利要求不太

---

[1] 在美国专利文档中，权利要求出现在文档的最末尾；与之不同的是，对于中国专利，权利要求出现在文档的前面位置，即摘要之后、说明书之前。——译者注

可能被潜在侵权者侵权。

原则4：如果技术特征非常上位，那么很多技术特征数量可能不会缩小权利要求（保护范围）。有时候，一项权利要求会用许多技术特征来详细讨论一个结构或动作，并对下位技术特征可能使用许多子技术特征。通常情况下，这种做法非常糟糕。总体原则是，技术特征越少，对于权利要求保护范围越有利，而大量技术特征有损权利要求的保护范围，不过，如果技术特征很上位，从而任何一个试图应用该结构或方法的人都必须使用该技术特征，则大量权利要求技术特征也可能不损害权利要求的保护范围。例如，"一种从水龙头喝水的方法，包括靠近水龙头，打开水龙头，将容器靠近水龙头放置，在容器中接水，将容器送到嘴边，并且从容器中喝水"。尽管这个权利要求中有6个技术特征，但一个人希望将水从水龙头放到容器中从而达到喝水的目的，所有的技术特征都必然会应用到。需要注意，上面的权利要求并不包括从水龙头直接喝水，或者用人的手接水然后（从手里）喝水（除非词语"容器"被解释为包括"一只或以上的手"）。不过，这个权利要求包括所有类型的容器，包括纸杯、玻璃杯、花瓶、气球和其他任何可以被称为"容器"的东西。更进一步地，这个权利要求包括这种情况，即将水转移到一个容器，然后（容器）被放置到冰箱中冷却，然后饮用，（因为权利要求中）没有要求被收集的水会立刻被饮用。尽管可能还可以作更多解释，（这个例子的）关键点在于，虽然技术特征数量相对较多，但由于技术特征全部非常上位，这个权利要求（的保护范围）仍然是相对较宽的。

2. 关键权利要求术语

关键权利要求术语是指在权利要求中出现的特定词语或短语，其对于理解权利要求关于什么或者权利要求的保护范围是非常重要的。关键权利要求术语可能不需要任何支持自身含义就清楚。但如果关键权利要求术语自身含义不清楚，则必须在详细描述中对该术语作某种程度的解释。未能识别并清楚地解释所有的关键性权利要求是专利中最为常见的错误，毫无疑问，影响着 ICT 领域的多数专利。

原则 5：关键性权利要求清楚对于专利价值至关重要。专利的价值取决于权利要求，而权利要求的含义，包括其保护范围和有效性在内，是由权利要求中使用的特定术语决定的。在所有专利中，权利要求中的某些术语是关键性的，因为它们可以解释权利要求是什么或者避免混淆。对于有可能不清楚或具有多重含义，甚至冲突含义的词语必须进行解释。可能（造成）混淆的词语（例如）包括"software"（软件）、"platform"（平台）和"virus"（病毒）。在某一项专利中，由于未对词语"interrupt"（干扰）进行解释，就严重损害了该专利的潜在保护范围。❶

原则 6：专利诉讼几乎总是由一个或非常少量的关键权利要求术

---

❶ 该专利是 US6885875，具体为权利要求 25，具体的（技术）特征为特征 [4]，其表述为：wherein the variable power adjustment increment is temporarily increased after the end of an interrupt of transmission between the first radio station and the second radio station. 其中，词语"interrupt"（干扰）、短语"interrupt of transmission"（传输干扰）未在专利的任何地方进行定义或解释，但它们对于理解该专利的创新之处却是关键的。有关未能定义关键权利要求术语的更多讨论，请参见笔者另一本专著 TPV 的第 301 页（本书引用其他图书页码均指原版图书页码，之后不再赘述）。

语解释决定的。各种诉讼经常通常由一个文档的一个部分、一段话或一句话决定，而专利诉讼中这种情况可能更为严重，因为（专利诉讼）案件通常都由单个短语乃至单个词语决定。在一个极端案例中，就由于专利一项权利要求❶中的一个词"different"的解释，不得不支付8.91亿美元的赔偿。❷ 比较性形容词，例如"different"（不同的）、"similar"（相似的）、"same"（一样的），几乎总是有问题的，除非在专利中对它们进行清楚的解释，但是这一规则不只限于比较性形容词的情况。

  原则7：被告对权利要求非常常见的攻击就是对关键权利要求术语的攻击，如果专利清楚地解释该术语，那么这种攻击容易被击破。当潜在侵权者试图为自己辩护时，他经常会说自己没有实施权利要求中的某个特定技术特征，并且权利要求中某个关键术语的正确解读没有包括潜在侵权者的行为。如果关键权利要求术语没有清楚地解释，那么这种主张具有说服力，并且可能为被告赢得胜利。相反，如果术语在专利中进行合理的解释，则被告可能根本不会提出这个论点。

  原则8：不过，如果一个权利要求术语在所属技术领域是非常清楚的，则不必对其进行解释。专利 US5414796 讨论了"压缩"

---

❶ 所指专利 US6714983 的权利要求 1 如下：

1. One or more circuits adapted for use in a mobile computing device comprising:

a terminal adapted to receive battery power for at least one of the circuits;

communication circuitry comprising a reduced power mode and being adapted to use a first wireless communication and a second wireless communication **different** from the first wireless communication to transmit data to access points, the communication circuitry reducing power by controlling the frequency of scanning for the access points; and

processing circuitry arranged to process data received from the communication circuitry. ——译者注

❷ 在专利 US6714983 的权利要求 1 中出现了关键权利要求术语"different"，并且其在博通公司（Broadcom）与高通公司（Qualcomm）之间的诉讼中非常关键。参见专著 TPV 第 177 页的讨论。

（compress）语音信号的方法，但没有包括关于"compress"（压缩，动词）或"compression"（压缩，名词）的任何定义。（在该专利中）这并不要紧，因为"压缩"这一概念在专利申请被提交的时候（在所属技术领域）是清楚和非常容易被理解的。❶

原则9：精心撰写的关键权利要求术语的过程是迭代反复的——仔细挑选术语、解释术语、审阅术语的解释、可能添加新的术语与新的解释、重写所有的解释并对重写结果再次审阅等。 原则9可能是本书中最为重要的原则，但遗憾的是其并没有总被注意到。精心撰写的关键权利要求术语是一个迭代反复的过程，必须先撰写第一稿草稿。非常重要的是，要非常仔细地选择这些（关键性权利要求）术语。有时候，第一轮选择并解释关键权利要求术语后就认为任务结束了，这种做法是错误的，原因有两个：

第一，已识别术语的首次解释必须再次审阅，然后尽可能地进行改进。撰写专利权利要求是一项具有挑战性的工作，而第一稿通常都是可以改进的。本点原因应该是显而易见的。

第二，尽管专利撰写者已经尽最大努力地识别所有关键权利要求术语，但第一稿几乎从来无法识别所有的这类关键权利要求术语。此外，在撰写（专利）申请的过程中，新的术语可能会作为关键权利要求术语出现。因此，运用批判的眼光对草稿进行审阅非常重要，从而可以识别可能对于权利要求重要或者可能被错误解读并导致混淆的术语。第一稿的权利要求中哪些术语看起来重要？哪些术语可

---

❶ 在专利 US5414796 中，每一个独立权利要求，即方法权利要求1、设备权利要求18、电路权利要求29 和方法权利要求48，使用词汇"compression"或"compressing"。在电子行业，"compression"（压缩）的含义不是"physical compression"（物理压缩），而是类似于"shorthand communication"（速记沟通），而这在业内是众所周知的。参见专著 TPV 第 401～402 页。

能被误读或错误解读？权利要求术语在书面描述中是如何解释的？当前的解释是否充分，还是必须再做更多的工作？

在对第一稿进行审阅后，就可以识别关键权利要求术语。某些关键权利要求术语可以照原样保持不动，一些则要重写，一些则可能要重新定义或在书面描述中进行解释。至少需要执行两遍以下步骤：识别关键权利要求术语，然后审阅草稿，这样才能够得到关键权利要求术语清晰的权利要求。

原则10：**关键权利要求术语可以采用以下一种或多种特定方式进行定义：(1) 对术语进行明确定义；(2) 举例；(3) 附图显示并加上相应的解释**。这三种方法是对关键权利要求术语进行恰当解释的最好方法。第一种方法非常明显，例如"…herein, the term X means…"（……在此，术语X的意思是……）。如果至少给出两个（两个以上为佳）例子，第二种方法也是可以的。仅给出一个例子是糟糕的做法，因为专利可能被限制性地解释为那个仅有的例子。在附图中明确显示（技术）特征，并且包括一个附图标记和对该特征的解释，也是可以接受的。不过要确保说明这个附图显示仅仅是示例性的（Exemplary）。

附图11：**绝不要使用权利要求差异化来解释关键权利要求术语**。解释关键权利要求术语还有三种方法，这些方法要专门使用。权利要求差异化（Claim Differentiation）被权利要求解释者使用，尤其是法院，以便理解专利中（某个）没有定义、没有举例或附图显示的关键权利要求术语。权利要求差异化是最后的手段，因此应该仅仅由权利要求解释者来使用。当专利撰写者使用差异化（方法）时，撰写者永远不确定关键权利要求术语究竟会被如何解释。如果一个关键性术语应该在专利中解释，那么（就）定义这个术语和/或提供

多个例子和/或在附图中显示。❶

3. 权利要求类型

权利要求分为不同的类型。权利要求可以按照寻求的保护类型进行分类，包括各种类型的方法（权利要求）和结构（权利要求）。权利要求也可以根据专利撰写的原则分为独立权利要求和从属权利要求，以及对于某些特定种类权利要求的特殊形式。一件专利具备"权利要求多样性"（Claim Diversity）——也叫作"权利要求组合"（Claim Mix）——的程度，能够显著影响专利的价值。一般而言，强有力的权利要求组合为专利创造价值。理解"权利要求组合"需要清楚地理解各种权利要求类型。

原则12：最基本保护类型分类是结构权利要求和方法权利要求。

（1）结构权利要求有几种，包括从相对大型的系统权利要求、设备（Apparatus、Device 或 Machine）权利要求到相对小型的部件权利要求。方法要求基本上只有一种，并且通过权利要求要素中"-ing"

---

❶ 一项独立权利要求的保护范围必须永远比其从属权利要求的保护范围要更宽。因此，如果一个关键权利要求术语在从属权利要求中使用，那么（保护范围）更宽的独立权利要求将包括该用法（That Usage）并附加某些其他东西（Something Else）。那么究竟什么是"其他东西"？如果对"其他东西"进行定义，用例子解释或者图示，那么关键权利要求术语的范围就是清楚的。否则，无法预期法庭会如何解释关键权利要求术语。笔者强烈主张，专利申请撰写人员绝对不要使用权利要求差异化来解释一个关键权利要求术语，因为要附加给某个特定术语的含义根本不可靠。当然，这并不意味着专利撰写人员应该避免保护范围比独立权利要求更窄的从属权利要求。设计从属权利要求是一项常见并被认可的策略，这样可以在将来独立权利要求被无效时，从属权利要求能够顶上。不过，专利撰写人员绝不能使用从属权利要求来解释专利其他地方未作解释的关键权利要求术语。（因为）这简直就是放弃对专利申请的控制。不正确地使用权利要求差异化作为一个常见的专利（撰写）错误将在第三章讨论。

的形式（动宾结构）可以轻易识别，例如"identifying X"（识别 X）、"identifying Y"（执行 Y）等。

（2）每个结构权利要求都仅由结构要素组成，而每个方法权利要求都仅由方法要素组成。如果某个权利要求同时包括结构和方法要素，则该权利要求显而易见是无效的。从这个意义上说，结构权利要求和方法权利要求是对立的。❶

（3）结构权利要求和方法权利要求之间的界限通常是模糊的。一个权利要求所属的特定类型（结构权利要求或方法权利要求）可以通过改变权利要求的形式而改变。单独的一个发明构思（Inventive Concept），在此称其为"创新点"，经常可以被表述为结构或方法。当一个创新点有意地用多种权利要求类型保护时，则可以获得对于该创新点的"权利要求组合"。此外，如果不同的独立权利要求具备相似的要素和相似的权利要求用语，这种状况则被称为"权利要求并行"（Claim Parallelism）。这也是为单一创新点可能提供最大化保护的最强技巧之一。

（4）将一项方法权利要求转化为结构权利要求的最常见方式就是使用"结构标签"（Structural Tag），该短语表明某个结构可以执行某个动作。例如，一项方法权利要求中的一个"处理原始数据"的步骤，通过"被配置为处理原始数据的处理器"或更广泛的"处理原始数据的部件"的表述可以被转化为一个结构要素。

（5）最常见的结构标签可能是"被配置为"（Configured to），其他常见的（结构）标签是"适应于"（Adapted to）和"构造为"

---

❶ 一项方法权利要求可能包括一个步骤。该步骤由特定种类的结构实现，但该实现过程仍然是一个步骤而不是一个结构。一项结构权利要求中的特征（Element）可能意在（Be Intended）、定向为（Oriented）或"配置为"（Configured）实现某个特定的步骤，但结构仍然是一个结构而不是一个步骤。

(Adapted to)。虽然专利中可以使用这些（结构）标签中的任何一种，但如果意图仅仅是将方法转换成结构，则应该在整个专利中使用该相同的结构标签术语。在一件专利中使用多个（结构）标签会导致意指多种含义的假设，如果不是（意指多种含义的）假设，则不要使用多个结构标签。❶

原则 13：好的独立权利要求可以获得宽的保护范围，而好的从属权利要求可以获得保护深度。

a. 独立权利要求基于自身独立存在，不依赖于专利中其他权利要求，因此是专利中保护范围最宽的权利要求，并确定可能覆盖的最大范围。

b. 按照定义，从属权利要求的保护范围比其所基于的独立权利要求保护范围更窄，原因在于从属权利要求包括（所引用的）独立权利要求的所有限定（特征），并增加一个或多个额外的限定特征。从属权利要求对独立权利要求进行巩固，如果一项独立权利要求由于在先技术被无效，则从属权利要求可能继续有效，因为它包括一项额外的可能在先技术不存在的（技术）特征。按照这种方式，独立权利要求确定潜在的保护范围宽度，从属权利要求决定潜在的保

---

❶ 专利 US6714983 的权利要求 1 使用了三种不同的结构标签，包括"adapted for""adapted to"和"arranged to"。使用结构标签的做法很好，但是在一项专利中使用不同的结构标签却是非常糟糕的，因为这会导致关于权利要求含义的混淆。

US6714983 的权利要求 1 如下：

1. One or more circuits **adapted for** use in a mobile computing device comprising:

a terminal **adapted to** receive battery power for at least one of the circuits;

communication circuitry comprising a reduced power mode and being adapted to use a first wireless communication and a second wireless communication different from the first wireless communication to transmit data to access points, the communication circuitry reducing power by controlling the frequency of scanning for the access points; and

processing circuitry **arranged to** process data received from the communication circuitry. —— 译者注

护范围深度。

原则14：特定种类权利要求的形式特殊。

有许多种特殊形式的权利要求，它们包括：

（1）一种特殊形式被称为"部件加功能"式（Means – plus – function Format）。这种结构权利要求撰写时不采用具体结构，而采用"用于执行某种动作的部件"的方式撰写，例如，用于处理原始数据以生成信息的部件（Means for processing raw data to produce information）。在美国，联邦最高法院已经确定，这种形式包括专利中描述的所有特定结构，但是排除那些没有描述的结构。因此，这种方式被认为是结构权利要求的窄（保护）范围形式❶。

（2）"马库什"式（权利要求）是这样一种形式：结构权利要求中的一个要素表达为一组物质中的一个，例如，"一种从由移动电话、移动计算机和MP3层组成的组中选择的设备"。尽管最初在BCP专利中使用，但马库什式权利要求在ICT专利中也存在。

（3）美国的"吉普森"式（权利要求）在欧洲被称为"两部分式/二段式"（权利要求）。该形式下，（权利要求）前序部分冗长，其后是发明人认为是对前序部分要素的改进内容。这种形式在美国非常罕见，但在欧洲却常见。在美国专利中出现吉普森式权利要求，多半是（美国专利）衍生自在先的欧洲（专利）申请。

4. 专利价值

专利质量是专利价值的一个方面。低质量的专利无法最大化实

---

❶ 此种权利要求通常也被译作"功能性权利要求"。——译者注

现其潜在价值。不过，除了专利质量，专利价值还包括其他方面。如果这些方面能够最优化，甚至低质量的专利也可以有一些价值。因此，理解和专利价值有关的多个方面非常重要。

原则15："权利要求组合"极大地增加专利的价值。 权利要求组合是一件专利中使用不同类型权利要求的程度。权利要求组合可以是方法与结构权利要求、不同种类的结构权利要求、硬件和软件权利要求、客户端侧权利要求和服务器侧权利要求或其他的组合。在一件专利中至少包括一些权利要求组合通常是有积极意义的。单件专利中对于单个创新点可能最有效的单一保护方式是具有一个保护该单个创新点的权利要求组合，其中，所有的独立权利要求都使用相同的关键权利要求术语和非常相似的语言，这种特殊的权利要求组合被称为"权利要求并行"。

在一件专利中具有好的权利要求组合包括两个优点。

第一，权利要求组合增加潜在的保护范围。一件具有强有力的权利要求组合的专利，尤其是如果权利要求组合以单个创新点为中心，能够覆盖创新点的很多种可能实施方式，包括特定设备的结构、系统的组成、创建或使用创新点的方法和其他方面。在一个专利诉讼中，法院审查一件数字录像设备的早期专利，发现所有的硬件权利要求未被侵权，但是所有的软件权利要求都被侵权了。❶

第二，权利要求组合防止美国专利商标局、ITC（美国国际贸易委员会）等行政机构或法庭使某些权利要求无效。在一项涉及

---

❶ 相关的专利是US6233389，相应的专利诉讼的 *TiVo, Inc. v. EchoStar Corp* [法院判决见 516 F. 3d 1290（Fed. Cir. 2008），向美国联邦最高法院的上诉被驳回 *cert. denied*, 129 S. Ct. 306（2008）]。在专著 TPV 第 131~148 页会讨论该诉讼。

US5623600专利的诉讼中,所有的结构权利要求都被无效掉了,但方法权利要求中的几项存活了下来,因此专利的多数得以保留。❶ 类似地,在另一件美国专利US5414796中,占专利总的权利要求超过60%的结构权利要求可能被无效,但所有的方法权利要求很可能幸存下来。❷ 任何一位评估人员在评估任何一件专利时,必须包括三个或明确或隐含的通用标准,它们是权利要求的有效性、权利要求的保护范围和侵权可发现性(有时候也被称为"侵权可察觉性")。这三个通用标准可以缩写为VSD,即有效性(Validity)、保护范围(Scope)、可发现性(Discoverability)的缩写。好的权利要求组合可以同时强化权利要求的有效性和保护范围。

原则16:五个因素决定一件专利价值,它们是:(1)主要创新点的市场规模;(2)专利所解决技术问题的重要性;(3)解决该问题的技术方案的简单性、清晰度和范围;(4)专利的优先权日期;(5)专利的质量。

(1)市场规模在这儿的意思是"市场的总规模"和"市场上的参与者数量"。一个公司数量众多、每家公司销售大批量货物或服务的市场,就是一个具有巨大潜力的市场。如果一项专利被侵权,因侵权的潜在损失就会非常大。(2)类似地,技术问题的重要性也和

---

❶ 专利US5623600与移除电脑病毒有关,是Trend Micro, Inc.(趋势科技)和Fortinet, Inc.(飞塔信息科技)之间的诉讼涉案专利,包括在ITC的337调查(案号337-TA-510)和美国专利商标局的再审(再审案号90/011022)。这场专利战争包括数轮诉讼,但最终结果是结构权利要求被无效,一些方法权利要求保留,而保留的方法权利要求帮助专利权人赢得了和解。在专著TPV第180~199页会讨论该(专利诉讼)故事。

❷ 据笔者所知,专利US5414796从未卷入诉讼,被后续专利引用非常多,不过大多数权利要求都由于在独立权利要求中存在"垂直切换术语"(Vertical Shifting Terminology)而遭受过无效。在专著TPV第382~404页会讨论该专利。参见词汇表(Glossary)中的"垂直切换"(Vertical Shift)。

专利价值直接相关。比如，把一项关于汽车制动器的专利与一项关于座椅装饰的专利比较，显然，两者都是重要的，但关于制动器的专利很可能要比装饰专利产生更多价值（当然前提是假定两项专利的申请日同期并且质量是可比的）。（3）技术方案必须简单明了，这样才可以容易地向法庭证明侵权。此外，一项专利的权利要求广泛，意味着它覆盖解决技术问题的唯一实用解决方案，或者说权利要求至少覆盖解决技术问题的最佳方式，因此可以防止潜在侵权者通过规避设计而避免责任。（4）一项比本领域其他专利相对更早的专利，被现有技术无效掉的可能性更小，因此可能具有更宽的保护范围（因为专利不会和更早的专利竞争）。（5）除了前述因素外，如果专利的质量低，意味着它存在第三章中讨论的许多问题，专利将无法实现其完整的潜在价值。

原则17：直接侵权和间接侵权都创造价值。"直接侵权者"是实施一项专利权利要求所有技术特征的侵权者。"间接侵权者"是为直接侵权"作出贡献"或"诱导"另一方直接侵权的侵权者。一项专利覆盖的市场规模包括所有侵权者，包括直接侵权和间接侵权，而在某些案件中，间接侵权者可能比直接侵权者更重要。❶

原则18：好（但不是很棒）的专利也可以创造价值。这个原则可以纠正三个常见的错误认识。

---

❶ 许多法院判决中都讨论直接侵权与间接侵权的话题，最新的判决是美国联邦最高法院的 Limelight Networks, Inc. v. Akamai Technologies, Inc., et. al, Case 12 - 786, 134 S. Ct. 2111（June 2, 2014），在该判决中，美国联邦最高法院拒绝了扩大间接（侵权）责任的范围，但专利权利要求覆盖的市场总量将包括直接侵权者的市场和间接侵权者的市场。间接（侵权）责任是专利价值的重要方面，在（本书）第三章的常见错误7中将对其进行讨论。

第一个被纠正的错误认识：有用的发明都是突破性发明，即在某个领域极端重要的创新。这种发明（实际上）非常少。大多数发明是微小但却是重要的改进（创新），例如，使某个过程更快、更便宜或更有效的结构或方法。这些都是有价值的发明，尽管它们没有彻底改变一个领域。

第二个被纠正的错误认识：保护突破性发明的专利才是重要的专利。这个认识显然是不确切的。如果一项发明不是突破性的，但仍然有价值，那么相应的专利也可能是有价值的。的确存在保护突破性发明的专利，但这种专利和突破性发明本身一样极为少见。大量技术进步不是通过大规模变革和范式转变获得的，而是通过小规模和渐进的改进实现的。这些（小规模和渐进的）改进本身是有价值的，因此对其保护的专利也是有价值的。只有极小部分专利具有巨大价值❶，但大量覆盖细微改进的专利也可以增值。不过，如果专利本身"不好"，意味着专利有很多问题且无法保护发明，那么不会创造价值。即使是普通的发明，也可以用一项好专利很好地保护起来。

第三个被纠正的常见错误认识：这个错误认识通常是专利组合管理者表达的，即"我们必须竭尽全力确保我们所有的专利都拥有最高的质量"。（现实中）没有足够的资源来做到这件事，而且坦白讲也不值得这么做。的确，有些专利甚至在撰写草稿的阶段就意识到要创造重要价值，对于这些专利可能值得投入巨大资源来撰写、

---

❶ 在大多数专利组合并且确信在包括数百到数千项专利和申请的专利组合中，大部分价值是由少数"高价值"专利产生的。在笔者专著《专利组合：质量、创造和成本》中，提供的证据表明，专利组合中1%~2%的专利可能期望是"高价值的"。本书不是关于专利组合的，除了要指出，如果专利权人确保（专利组合中的）专利没有第三章讨论的常见错误，专利组合的整体质量和价值就会得到增强，不会再讨论（专利组合）。

审核和重写以便可以涵盖所有可能的实施方式。例如，第四章中讨论的苹果公司的"滑动解锁"专利似乎是这样的案子。不过，大多数专利不属于这一类型，因此只需要投入适当的时间和金钱就可以。然而，无论申请人是否决定在一项专利中投入大量或只是适度的资源，笔者的意见是每项专利都应该被"打磨"，以确保其没有在本书第三章中讨论的常见错误。

原则 19：一项专利的潜在价值可以通过多种方式释放。实现一项专利潜在价值的方法有多种。其中包括：（1）将专利许可出去获取特许使用费（Royalties）；（2）将专利出售；（3）（发起专利）诉讼以获取损害赔偿；（4）将专利放入专利池，以从专利池收益获取部分收益❶；（5）阻止竞争对手抄袭专利技术；（6）借助反诉威胁遏制竞争对手发起（专利）诉讼；（7）将（专利）技术与其他专利或技术诀窍（Know-how）持有人进行交换。所有这些实现价值的方式都依赖于专利的质量，而在任何情况下，第三章中讨论的常见错误都会降低甚至完全毁掉专利的价值。

原则 20：不管出于攻击目的或者防御目的获取的专利，价值都不应有所改变。专利的"攻击性价值"主要是其从专利获取收益的能力，正如上面原则 19 中（1）~（5）所述的价值，而"防御性价值"则是成功免受他人干涉（leave you alone）的能力，如上面原则 19 中（6）和（7）所述的价值。原则 16 中所列举的 5 项决定专利价值的因素，适用于攻击性价值和防御性价值。并且在这个意义上说，不论一家公司是意在攻击性或防御性使用专利，专利价值都

---

❶ 将专利放入一个成功的专利池是为专利权人创造收益的绝佳方式。专利池是释放专利潜在价值的重要途径，这在笔者的早期专著《技术专利许可：21世纪专利许可、专利池和专利平台的国际性参考书》中有详尽的讨论。

不应该有所改变。

原则 21：最可能实现专利潜在价值的，是擅长专利技术领域的主体。也许这个原则看上去不言自明。的确，大多数专利是专利技术领域的专家创造的，虽然如此，非专家型人员在他或她的专业领域之外发明某些东西的情况也确有发生，但专利的完整价值不大可能被一位非专家型人员实现。❶ 非专家型发明人应该将专利卖给在所属领域是专家的主体，或者至少与最可能明白谁会使用、在哪里使用和为什么使用这个（专利）技术的专家合作。❷

5. 种子专利

正如前面原则 18 中所述，许多专利"还可以"但不是"很棒"，种子专利（Seminal Patent）指的是那些真正"很棒"的专利，它们记载和保护重大的（技术）革新。这些（技术）革新有时候是新兴行业的基础。新兴行业的种子专利是人们希望实现的"本垒打"（美国棒球运动术语），懂得这类专利特有的一些原则非常重要。

**原则 22：种子专利：（1）具有广阔的市场覆盖范围；（2）解决重要的技术问题；（3）提供一个技术解决方案，其是一项重要的创

---

❶ 第四章包括关于女演员海蒂·拉玛（Hedy Lamarr）和作曲家乔治·安塞尔（George Antheil）跳频专利的讨论。这些发明人显然不是专利的技术领域专家，并且不管专利是否是"高质量的"或"经得起诉讼考验的"，这项专利从来都没有创造收益。

❷ 美国专利的所有权变更通常都记录在公众可访问的美国专利商标局"转让数据库"中（网址：http：//assignments.uspto.gov/assignments/q？db=pat）。该数据库显示，例如，对于专利 US5606609，题为"电子文档验证系统与方法"（Electronic Document Verification System and Method），最开始属于一家有线电视机顶盒生产商，然后由一家防务合约商所有，最终归 Silanis Technology 公司所有，其专注于嵌入电子文档中的签名业务。一连串权利人中包括多家与专利技术不相关的公司的情形不常见，但的确（还是）会发生。

新，可能是整个技术行业的基础；（4）具有早的优先权日期；（5）具有很强的非自引前向引证❶，或者其他表征（专利）重要价值的明确证据，例如高额的许可权利金、（专利）诉讼胜诉、高价出售，或加入某个成功的专利池。❷

如前面在原则 16 中提到的，有 5 个因素决定一件专利的价值，其中的前 4 项——市场规模、技术问题、技术方案和优先权日期同样适用于"种子专利"。也就是说，种子专利应该覆盖很大的市场范围，采用清楚和重要的技术方案解决重要的技术问题，并有相对较早的优先权日期，这是相对竞争性专利的重要优势。

一项普通专利（即使是"高质量"的普通专利）与一项种子专利之间的重大差异在于，种子专利获得外部主体（而不仅仅是专利权人自己）认为其是重要专利的认可。当然，满足前 4 项因素的专利并且（1）获取数百万美元的许可费、（2）在诉讼中取胜、（3）曾经高价出售，或者（4）被认定为对于某项技术是"必要的"并置于该技术（领域）某个成功的专利池中，很可能是一项"种子专利"。不过，除了这 4 项指标外，一项表征市场兴趣的肯定指标是其他公司在它们（相对于该专利）的在后专利中引证了该专利。多数专利

---

❶ 源自非本专利申请人且引用本专利的在后专利。——译者注

❷ 这是笔者对于"种子专利"的定义。亦可参见专著 TPV 第 66~70 页、第 305~319 页。据笔者所知，关于"种子专利"，没有通用的行业定义。其他人将前向引证作为一项重要因素，参见例如：Pantros IP, *Patent Factor Reports*, (2013)，认为前向引证数量与专利价值（第 6 页）和技术复杂度（第 11 页）都相关；Joe Hadzima, *Patent Due Diligence: Strategic Patents & Acquired Liability in M&A*, (IPVision, 2014)，将种子专利称为"高被引证专利，其比被引证次数少的专利更有可能是有价值的和战略性的"；iRunway, *Patent & Landscape Analysis of 4G — LTE Technology* (2012)，将种子专利称为"强专利"，并将"前向引用"作为 22 项种子专利参数中的一项（第 8~9 页）。行业似乎接受强前向引证是专利可能价值的一项指标，不过正如已经指出的，笔者并不知道任何被接受的"种子专利"的正式定义。

仅会被其他公司引用 10 次或更少次数❶，但也有一些专利会被前向引证 200 次、300 次，或者某些罕见情形下超过 1000 次。一项发明的重要性或质量和一项专利的质量或价值并不是一回事，因此，被在后专利引用的强引证并不必然意味着专利具有很高的金融（或经济）价值，同时也不意味着专利是"高质量的"或者不存在第三章中讨论的常见错误。此外，强前向引证并不意味着市场上有公司对（被引证）专利中记载的技术感兴趣。❷

原则 23：种子专利的强劲不能避免专利中的重大错误。"种子专利"是对某个行业里不同参与者（Various Players）都重要的专利，但并不必然是一件撰写优良、具备高质量或者具备金融价值的专利。强的前向引证意味着被引证专利的潜在价值，但种子专利中出现第三章讨论的常见错误却能毁掉专利与生具有的潜在价值，尤其是当关键权利要求术语阐述不佳或者根本就没有进行阐述。这会

---

❶ 根据（美国）布鲁金斯学会（Brookings Institution）一项题为《专利繁荣：美国及其大都市地区的发明和经济表现》[Patenting Prosperity: Invention and Economic Performance in the United States and its Metropolitan Areas, (February, 2013)] 的报告，美国专利的平均前向引证次数是 9.8 次（这项研究基于 1991～1995 年申请的专利作出，并且统计了专利授权日期后 8 年内的前向引证数）。拥有数百次或者数千次前向引证的专利完全属于不同的类别。

❷ 许多评论者将"前向引证"与被引证专利的价值联系起来。笔者并不知悉任何报道认为强的前向引证表明"缺少"价值，尽管一些评论者建议，前向引证主要表明对于被引证专利技术的兴趣，而不是对于专利权利要求的兴趣，因此，这种前向引证与被引证专利的价值只是弱相关的。将前向引证作为技术价值指标但淡化其作为专利市场价值指标的文章包括：(1) BESSEN J E. The value of U. S. patents by owner and patent characteristics [J]. Boston University School of Law Working Paper, 2006 (06): 46. (2) GAMBARDELLA A, GIURI P, MARIANI M, et al. The value of European patents: evidence from a survey of European inventors: final report of the PatVal EU Project [J]. 2005. (3) GAMBARDELLA A, HARHOFF D, VERSPAGEN B. The value of European Patents [J]. European Management Review, 2008, 5: 69-84. 相对于支持前向引证与市场价值之间强相关性的论著而言，这三篇文章就像是大海里的一滴水，笔者在此就不引用那些支持性文章，但在专著 TPV 第 7 章，尤其是第 312～313 页和第 313 页脚注 174 中有详细讨论。

严重地降低专利的价值，哪怕（专利）记载的技术继续引发业界的极大兴趣。

原则24：种子专利可以仅覆盖一些实施方式，但仍然是开创性的。基于一项新的突破性技术，种子专利可能是整个行业的基础。尽管如此，一项种子专利在满足这种专利所有条件的情况下，也可能覆盖一项对于某个行业有重要意义的技术，但尚达不到"突破性"或"模式转变"的水平，这样的种子专利也是有价值的。这类种子专利的一个例子是一件权利要求仅保护某个技术问题的若干解决方案中一种方案的专利。解决某个技术问题往往存在多个实施方式，例如，硬件方式或软件方式。其中，每个实施方式都可以解决该技术问题，但相对于竞争性的解决方案有其自身的优点和不足。如果一项专利覆盖行业中使用的一个特定解决方案，这项专利就是有价值的，尽管并不是所有人都使用这个特定的解决方案。

6. 撰写专利申请的技巧

在了解前述一般性原则之后，适合以撰写专利申请的技巧来结束本章。

原则25：专利撰写必须是一个创造性过程。专利撰写不仅仅是描述发明人所传达的创新点的过程。在专利撰写过程中，有非常多的选择必须作出，包括：提出哪些权利要求（以及放弃哪个权利要求）？使用哪个关键权利要求术语来表述权利要求？如何解释每个关键权利要求术语？使用哪些附图？

专利撰写必须描述该发明，但远不止于此。在精心撰写专利的过程中，经常发生这样的情形，即尝试采用不同的方法撰写权利要求和书面描述并进行评估。（然后我们会发现）有些方法是可取的，有些拒绝使用，有些需要修改，有些需要和其他（方法）混合使用等，直到获得权利要求与书面描述的最佳组合。发明创造构思的过程充满大量创造性，在撰写用于描述和请求保护发明创造的专利时，必须有同样的创造性与之匹配。

原则26：把专利的特定部分仅放在专利（文件）的正确位置。没有人会想到在"背景技术"部分撰写权利要求。那么，为什么人们会将关键权利要求术语放到"背景技术"部分？所有与（该）发明相关的表述，以及该发明所有的实施方式，（必须）严格并且仅放在"发明概述"、"附图简要说明"、"详细描述"和"权利要求"中。与现有技术相关的所有内容都严格并且仅属于"背景技术"。

原则27：使用不会限制发明实施范围的方式撰写书面描述。这个原则似乎是显而易见的，但却经常被违反，不使用不必要的限制书面描述范围的词语或短语。例如，使用"in this invention"（在该发明中）可能被解释为给该发明设置了一个要求。更好的表达方式可以是"in some embodiments of the invention"（在该发明的某些实施方式中）。再如，任何类似"it is important that"（……很重要）、"a critical feature is"（关键性特征是……）这样的表述都是极其危险的，因此应该避免。关键权利要求术语、（该发明）用途或（技术）特征的解释（都）不应该使用不必要的或限制性的用语。

原则28：保持术语使用的一致性。这是另外一个显而易见但经常被违反的原则。关键权利要求术语与书面说明中对该术语的解释方式之间必须存在一一对应的关系。

（1）一个关键权利要求术语不可以在权利要求中用两种不同的

方式，否则会导致单个术语用于描述两个不同的概念，从而引发不可思议的混乱。

（2）一个关键权利要求术语不可以在书面描述中用两种不同的方式解释，这些不同的解释可能会相互矛盾，即使它们不会相互矛盾，人们也无法理解权利要求术语采用的是书面描述中的哪个解释。

（3）权利要求中对于关键权利要求术语的使用相互之间不可以存在冲突。

遗憾的是，笔者见到过所有这些禁忌在多件专利中被违反，否则这些专利可能被认为是"好的"或"重要"专利。

原则29：权利要求并行需要并行的语言。 原则15解释了使用多种权利要求类型保护单个创新点可以为该创新点提供非常强有力的保护。但是，当不同的权利要求使用不同形式的术语或者完全不同的关键权利要求术语时，并行性就消失了，保护效果也显著减弱。在并行权利要求之间变换使用术语被称为"水平切换"（Horizontal Shift）或"水平切换术语"（Horizontal Shifting Terminology），它会破坏试图最大化保护的创新点。

原则30：将一项发明与一项技术标准绑定是极其危险的。 当把一项发明与一项技术标准绑定时，会出现各种各样的问题和麻烦。设想一下，如果一项专利声称其适用于CDMA系统，那么，这项专利是否仅适用于第二代蜂窝技术，有时候也被称为CDMAOne，但有时候可能只称作CDMA？（还是说）它适用于具有分别称为W-CDMA和CDMA2000两种CDMA形式的第三代蜂窝技术？（还是说）它适用于所有版本的CDMA或仅适用于专利授权时存在的版本？如果一个潜在侵权者的一个特定系统不包括技术标准中写入的一个或多个（技术）特征，那么这个（特定）系统在专利的保护范围之内吗？前述问题的答案是否取决于（技术）特征是作为"强制性的"而不是"可选的"写进标准？在前述问题的任何一个答案下，似乎限于CDMA系统的专利将不包括GSM技术或任何完全基于时间分割而不是代码分割的其他系统。通常，这种错误并不像陈述"限于技术标准XXX"（limited to technical standard XXX）一样这么直接，例如，笔者曾经见过"最特别适用于使用YYY技术的系统"（most particularly applicable to systems using technology YYY）的表述。笔者还见过使用仅仅一种技术的定义，其中，所有的附图使用单一种类的技术实现方式。所有这些形式都会造成限制。将一项发明与某一个技术绑定，不管是显然的还是隐含的，都是危险的。只要有可能，就不要将专利的任何部分限制在一项特定技术或技术标准中。

结　语

本章介绍了一些撰写高质量专利申请时最重要的原则。如果遵守这些原则，那么在第三章中被解释的专利撰写中最常见的错误都不会发生，最终结果就是撰写出高质量的专利，并且在诉讼中经得起考验。

第三章
专利中最为常见的 10 项错误

引 言

专利中的常见错误有三个来源:第一,专利(申请文件)的撰写;第二,在专利审查过程中对权利要求的变化或让步❶;第三,与专利撰写或审查过程无关但会降低或破坏专利价值的外部事件。

以下列举的第 1~9 项常见错误指的是那些通过阅读专利就能够很容发现的错误。这些错误可能在原始(专利申请文件)撰写时发生,或者专利申请审查过程中所作出的改变导致。第 10 项常见错误——会破坏专利价值的外部事件——并非专利自身的错误,但由于其重要性以及为了完整概括会破坏专利价值的错误做法而包括在内。

---

❶ 为了克服专利审查员的审查意见而对权利要求作出的修改。——译者注

1. 关键权利要求术语不清楚

笔者没有见到过列举专利中最常见错误的报告或数据❶，但经验告诉我们有一种错误在专利中反复出现，这种错误在笔者看来显然是专利中最为常见的质量问题。该错误是"权利要求中关键术语的使用"和"书面描述以及附图中对这些术语的解释"之间未能完整匹配所致。

关键权利要求术语不清楚这个问题到底有多常见，再次说明，笔者没有具体的数据，但我们的经验认为，绝大部分专利都存在这个问题，也许不是100%，但可以确定这样的专利占比为50%~90%。❷

想象一下这意味着什么？人们经常抱怨各种产品的质量糟糕，例如备受诟病的"二手车"。倒手两次或三次的旧车确实存在这样那样的问题，但现实是，大多数旧车基本上按照它们本该有的状态运行。如果有一个行业，接近100%的产品存在严重的有损产品价值和实用性的质量问题，我们该如何评论这个行业呢？专利行业就是这样的一个行业。在单个特定专利中存在这个问题必然毁掉专利的所

---

❶ 笔者没有见过任何关于专利错误的统计研究，可以对随机抽样的专利样本集进行研究，并根据该研究获得关于最常见错误的统计结果。这样的专利样本集需要对"错误"进行定义，需要按照技术类型（至少分为BCP专利、ICT专利）对专利进行分类，需要对不同时期申请的时代进行追踪以确定发生的错误类型是否随时间而变化。虽然统计评估的工作量不小，但这项工作值得一做。

❷ 本书中讨论的专利是ICT专利，即信息和通信技术领域专利，但不包括BCP专利即生物、化学和医药专利。尽管笔者听说过关于BCP专利相关的传闻，但鉴于笔者的专业背景主要是物理和通信领域，笔者不太愿意在ICT领域之外妄下结论。

有价值肯定是不正确的（说法），尽管这样的情况确实可能会发生❶，但大多数情况下，即便存在这一常见错误导致（权利要求的）含义和（保护）范围的不清楚，该专利也仍然具有一定的价值。

权利要求中的关键术语与书面描述和附图中对这些术语的解释之间不匹配有以下几种不同的形式。

（1）**没有任何解释**：权利要求中出现一个关键权利要求术语，但是在（整个）专利的任何地方都未作解释。如果这个关键权利要求术语不清楚，结果就是读者（包括法院）必须对该术语的含义进行猜测，从而确定该权利要求的有效性和保护范围。

我们来举个例子，一个术语是否清楚，取决于该术语使用时的语境，术语"mobile telephone"清楚还是不清楚？表面上，这个术语需要一个便携的（而不是"移动的"）和能够用于双向（口头）通信（Two-Way Verbal Communication）的电子设备。（那么）这是不是（专利）申请人的意思呢？或许这里不存在不清楚的问题，但如果申请人的意思是"用于汽车、卡车、公共汽车或其他机动车辆的电话"呢？（由于）这不是对"mobile telephone"的常规理解，因此需要在专利中对其进行解释。

（另外）术语"mobile telephone"是否包括并不是用于口头通信（Verbal Communication）的移动电脑或其他移动数据设备（Mobile Data Units）呢？似乎这并不包含在"mobile telephone"（这一术语的含义）中，但如果这就是申请人的意思呢？那么专利中必须解释该术语以包含此用法。（笔者想要表达的）重点在于，取决于申请人

---

❶ "灾难性的失败"指的是当所有的权利要求组都被无效掉的情况。在极端情形下，整个专利可能会被无效掉。灾难性的失败可能因为各种形式的"切换术语"（本书词汇表中将对其进行定义）。然而，虽然在大多数专利中，质量问题会给理解不同权利要求的有效性和（保护）范围造成困惑，但并不必然会导致所有的权利要求组无效。

(实际)想要表达的意思,一个看上去似乎清楚的术语可能根本就是不清楚的。

下面是缺乏解释而导致关键权利要求术语不清楚的第二个例子。正如(在第二章中原则6)已经提过的,任何比较性形容词都会导致问题。例如,对"different"(不同的),如果没有解释,肯定会导致问题:(它)是如何不同的?是基于什么标准?(不同)到什么程度?有什么影响?在权利要求中使用形容词,但不在书面描述中对其进行解释,必然会导致混淆。

(2) **冲突性解释**:关键性术语的冲突性解释有以下几种可能。

a. 一个关键权利要求术语在一个权利要求中采用一种方式使用,但在另一个权利要求中却采用另一种不同的方式。这种情况就很混乱。(我们)根本无法预期法庭会如何解释(这些)权利要求。

b. 一个关键权利要求术语在书面描述中采用了两种相互冲突的方式进行解释。在权利要求中出现该术语的任何地方,究竟该采用第一种解释还是第二种解释?或者同时采用两种解释?即使假定能够回答这些问题,(这些)答案是否会在权利要求中造成矛盾?

c. 一个关键权利要求术语仅在书面描述中解释过一次,但书面描述中的解释和该术语在权利要求中的使用方式冲突。这种情况也是极其糟糕的,也没有人能够预期法庭会在特定(诉讼)案件中如何对该术语进行解释。

在专利中,上述冲突都会实际发生。这似乎令人难以相信,但遗憾的是,冲突(性解释)非常普遍,尤其是在没有明确定义(术语)却给出采用不同方式使用一个术语的情况下会发生。例如,在一项专利中,(要确定的)问题是编码器和解码器之间的连接是采用任何电子通信(Electronic Communication)(一个非常宽泛的术语)、仅通过光盘（Compact Disc）（一个较窄的术语）还是仅依照称为 CD-I[1]的技术标准（一个非常狭义的术语）。[2]

专利申请人尽量使书面描述中每个关键权利要求术语的解释和权利要求中使用该术语的方式之间一一匹配是至关重要的，少一点（匹配）都会降低专利的质量和价值。

（3）**不依常规的术语解释**：权利要求中使用一个关键权利要求术语并且该术语在相关行业内具有相对明确的定义或理解方式，但书面描述中却对该术语采用非常规的方式进行解释。

例如，在一个案例中，一家企业就某种元代码（Metacode）获得了专利，并且声称微软（Microsoft）的 Word 程序侵犯了该专利。事实上，术语元代码具有相对明确的行业含义，而微软的 Word 程序符合（行业常规理解下）该术语的一些但不是全部标准。该企业赢了这场官司，因为专利的书面描述中对"metacode"采用比行业内使用该术语更为宽泛的方式进行定义。法庭采用的一般原则是"专利可以自行定义自己的术语"。也是基于这个（原则的）基础，法庭采用了专利的定义而不是行业的（常规）定义，从而该企业赢得了诉讼。[3]

对于该企业来讲是一个好的结局，对吧？（答案是）是的。（不过

---

[1] CD-I 为 Compact Disc Interactive 的缩写，是一种多媒体 CD 格式或规格，其由 Philips 和 Sony 于 1986 年发布，也叫作绿皮书标准。——译者注

[2] 该专利的专利号为 US5606539，在笔者专著 TPV 中对该专利中的关键权利要求术语问题进行了讨论（见第 270~274 页）。

[3] 该专利的专利号是 US5787449，涉及的专利诉讼是 *i4i Limited Partnership v. Microsoft Corporation*，670 F. Supp. 2d 568（E. D. Tx. 2009）（得州东区法院一审），2009 年 CAFC 在上诉判决中（对下级法院的判决予以）确认 [589 F. 3d 1246（Fed. Cir. 2009）]，（但）在 2010 年重审时将（之前的）确认判决撤回并重新作出替代判决 [598 F. 3d 831（Fed. Cir. 2010）]，2011 年，美国联邦最高法院就该案的上诉作出（对下级法院的判决的）终审确认判决（131 S. Ct. 2238, Slip Opinion 10-290（2011））。在笔者专著 TPV 中对"元代码"问题进行了讨论（见第 118~128 页）。

该专利）是一件好的专利吗？（答案是）不是。用一种非常规的方式来使用标准的术语肯定会导致混淆。这种混淆让微软有一个强有力的理由来逃避责任，但如果专利权人选择一个"metacode"之外的关键权利要求术语，那么（根本）就不会有任何争论，例如，专利权人可以创造一个诸如"data controller"或者"data interpreter"的术语，然后在书面描述中对该术语进行定义。创建一个（全）新的术语并在专利中解释该术语，而不是以非常规的方式使用一个标准术语。

（4）仅用一个例子来解释一个关键权利要求术语：正如（第二章原则10中）所讨论的，关键权利要求术语可以通过①明确定义、②举例，和/或③附图的一个要素加上相应的讨论来进行解释。虽然笔者倾向于方式①即定义，但大多数专利没有"定义"部分，而且（仅）定义部分而不是全部的关键权利要求术语。方式③用于术语的总体概括非常好，但它不可能包括所有的可能实施方式，因为对于每一种可能的实施方式（都）需要一个单独的附图，认真思考就会发现这种做法根本不可行。笔者见过一些专利，其中未对关键权利要求术语作任何解释，附图中没有任何（相应的）要素，并且只有一个例子而非多个例子。显然，关键权利要求术语包括（列举的）哪一个例子，但其是否还包括其他东西？设想一个关键权利要求术语"fastener"（固定件），（与之相关的）唯一解释是"例如两个物件之间的磁性连接"。（那么）它是否包括例如魔术贴（Velcro，美国维克罗公司产品英文名称，一种钩毛搭扣产品，也叫威扣）这种"钩和链连接"？它是否包括胶水或其他黏合剂？如果一个术语是通过例子来解释的，那么必须有多个例子，以便扩大可能性的范围。

2. 扩展不充分

在这里，扩展不充分（Roads Not Taken）是指本可以但却没能在专利中描述并用于权利要求保护的替代性实施例、实施方式以及用法。专利撰写人员的主要职责之一就是要尽量思考所有的这些替代方式，并且至少在书面描述中对其进行描述。遗憾的是，这并不总是发生。为什么不会呢？❶

（1）通常，要思考所有替代方式是困难的。在有效申请日之后，专利有效期是20年。谁能够构想出未来5年、10年或者15年后的所有实施方式呢？

（2）客户与专利代理师之间的沟通不畅。现实中，这种情况经常发生。（原因可能是）客户没有向代理师披露具体实施例。这可能是（客户）无心的，也可能是（客户）有意隐瞒该实施方案，或者是代理师没有理解客户传达的信息，或者是客户坚持要求将专利仅限于客户目前在其业务中所采用的方式，虽然从企业经营视角来说这种聚焦有道理，但这对于一件专利来说却没有意义，可（遗憾的是）这种事情经常发生。

（3）没有资源以识别和描述所有可能的实施方案。在现实中，这种情况也会发生。

这个非常常见的错误并不是很明显，因为与其他在本章中讨论

---

❶ 专利书面描述中记载的实施方式可以在（当前）专利中请求保护，也可以在该专利之后的继续申请中请求保护。如果（当前）专利对该实施方式根本就没有解释，那么该实施方式任何时候都无法请求保护。

的大多数错误不同，它不存在任何动作。这个错误是"未采取行动"导致的，属于"不作为"（Omission）型错误，即如前面所提到的，没能在专利中描述替代性实施例、实施方式以及用法。这些是本应该写进专利里的，但实际中并没有。这个错误或许类似于短篇小说《银色马》（1892年）中夏洛克·福尔摩斯（Sherlock Holmes）与苏格兰场警长格雷戈里（Gregory）的交流：

警长格雷戈里：还有其他你希望我注意的地方吗？

夏洛克·福尔摩斯：关注一下晚上那只狗的奇怪反应。

格雷戈里：那只狗晚上啥都没有做。

福尔摩斯：这就是奇怪的地方。

没有发生的事情往往是最难以被人察觉的，这个道理在专利领域也是一样的。本应呈现但没有描述的实施方式就是错失的机会。

3. （权利要求）并行瑕疵

权利要求并行是指采用并行的权利要求要素和并行的权利要求语言，使用不同类型的结构权利要求和方法权利要求来保护单个创新点。这个对于同一个创新使用不同权利要求类型的技巧，为创新提供了非常强有力的保护。不过，这里有三个潜在的错误。

首先，专利中根本没有使用权利要求并行。在这种情况下，就和常见错误2类似，成了另外一种"不作为"导致的错误。没有权利要求并行的情况非常普遍。这种"不作为"并不总是错误。使用权利要求并行需要有意识地作出决策，并且需要为此付出时间和资源，以撰写权利要求和支付提交额外权利要求的费用。因此，只有对于——或许在种子专利中——最重要的创新点，缺少权利要求并行，才可以认为是一个错误。这些重要的创新点具有企业应该尽最大努力实现最大化专利保护的潜在价值，因此对于这些创新点没有（撰写）多个独立权利要求可以被视为"不作为"导致的错误。

其次，尝试了权利要求并行，但是权利要求之间的权利要求用语发生了切换（Shift）并破坏权利要求并行。（此时）权利要求可能还保持有效，但却丧失了最大化保护。笔者将并行权利要求之间的用语切换称为"水平切换"或"水平切换术语"。水平切换的错误偶尔会发生，表3-1列举了一个水平切换的例子。

表3-1 专利US5414796的独立权利要求1、独立权利要求18、

独立权利要求29——水平切换

Preamble of Independent Method Claim #1	Preamble of Independent Apparatus Claim #18	Preamble of Independent Circuit Claim #29
1. A method of speech signal compression, by variable rate coding of frames of digitized speech samples, comprising the steps of:	18. An apparatus for compressing an acoustical signal into variable rate data comprising:	29. A circuit for compressing an acoustical signal into variable rate data comprising

最后，尝试了权利要求并行，但是单个权利要求内部发生了用语切换，由此导致权利要求的含义不清楚。笔者将这种错误称为"垂直切换"或"垂直切换术语"。虽然这种错误很少发生，但是一旦发生，结果就是灾难性的，会导致垂直切换错误权利要求及其所有从属权利要求都由于不清楚而无效。表3-2列举了一个垂直切换的例子。

下面是一个由于水平切换导致破坏权利要求并行的例子，涉及的专利号为US5414796。在该专利中，对一个声音信号的两个方面进行处理，其中对数字化语音和数字化背景噪声采用不同的处理方

式。该专利中有三项独立权利要求，即方法权利要求 1、设备权利要求 18 和电路权利要求 29，这三项独立权利要求都保护一个创新点，即一种数据压缩。尽管权利要求中存在多处（术语）切换，但权利要求前序部分显示了这种切换。

所有这些权利要求，包括在前序部分和权利要求要素中，都聚焦于相同的创新点，即可变速率数据压缩。这（个专利）本可以是一个绝佳的"权利要求并行"例子，但是，注意一下术语的水平切换，其中，独立权利要求 1 使用的是"speech signal compression"和"digitized speech"，而权利要求 18 和权利要求 29 使用的是"acoustical signal compression"。"语音"（speech）和"声音"（acoustics）根本就不是相同的，事实上，语音只是各种声音信号（acoustical signals）中的一种。由于这个术语的水平变化，（权利要求）并行就丧失了，从而无法获得（专利的）最大化保护。

同样是专利 US5414796，还提供了一个"垂直切换"问题的范例，这个错误没有在权利要求 1 中发生，但在权利要求 18 和权利要求 29 中都存在。在表 3-2 中，笔者用粗体突出显示那些导致（垂直）切换的词汇。

表 3-2 专利 US5414796 的独立权利要求 1、独立权利要求 18、

独立权利要求 29——垂直切换

	Independent Method Claim #1	Independent Apparatus Claim #18	Independent Circuit Claim #29
Preamble	1. A method of speech signal compression, by variable rate coding of frames of **digitized speech samples**, comprising the steps of:	18. An apparatus for compressing an **acoustical signal** into variable rate data comprising:	29. A circuit for compressing an **acoustical signal** into variable rate data comprising

续表

	Independent Method Claim #1	Independent Apparatus Claim #18	Independent Circuit Claim #29
权利要求要素[1]	Determining a level of speech activity for a frame of **digitized speechsamples**;	means for determining a level of **audio activity** for an input frame of digitized samples of said **acoustical signal**;	a circuit for determining a level of **audio activity** for an input frame of digitized samples of said **acoustical signal**;
权利要求要素[2]	selecting an encoding rate from a set of rates based upon said determined level of **speech activity** for said frame;	means for selecting an output data rate from a predetermined set of rates based upon said determined level of **audio activity** within said frame;	a circuit for selecting an output data rate from a predetermined set of rates based upon said determined level of **audio activity** within said frame;
权利要求要素[3]	coding said frame according to a coding format of a set of coding formats for said selected rate wherein each rate has a corresponding different coding format and wherein each coding format provides for a different plurality of parameter signals representing **said digitized speech samples** in accordance with a speech model; and	said frame according to a coding format of a set of coding formats for said selected rate to provide a plurality of parameter signals wherein each rate has a corresponding different coding format with each coding format providing a different plurality of parameter signals representing **said digitized speech samples** in accordance with a speech model; and	a circuit for coding said frame according to a coding format of a set of coding formats for said selected rate to provide a plurality of parameter signals wherein each rate has a corresponding different coding format with each coding format providing a different plurality of parameter signals representing **said digitized speech samples** in accordance with a speech model; and

续表

	Independent Method Claim #1	Independent Apparatus Claim #18	Independent Circuit Claim #29
权利要求要素[4]	generating for said frame a data packet of said parameter signals.	means for providing for said frame a corresponding data packet at a data rate corresponding to said selected rate.	a circuit for providing for said frame a corresponding data packet at a data rate corresponding to said selected rate.

在权利要求1中，没有（垂直）切换，唯一的主题就是数字化语音（digitized speech）。但在权利要求18和权利要求29中，（权利要求）要素[3]中发生了垂直切换，在这两个权利要求的前序部分和权利要求要素[1]与权利要求要素[2]中，讨论的是音频活动（audio activity）和声音信号（acoustical signals），可在权利要求要素[3]中突然切换为"所述的数字化语音样本"（said digitized speech samples）。这里有以下两个问题。

第一，在权利要求18和权利要求29的前序部分以及权利要求要素[1]和权利要求要素[2]中均没有讨论过"语音样本"（speech sample），因此，这些权利要求中的短语"所述的数字化语音样本"是毫无意义的。这些权利无法理解，按照美国专利法的相关规定[35 United States Code sec. 112（b），即美国法典第35章第112（b）条]，它们是不清楚的，因此是无效的。

第二，即使将"所述的"（said）一词从权利要求18和权利要求29的要素[3]中删除，这些权利要求还是会因为垂直切换而无效。（因为）这些权利要求的剩余部分聚焦的是"音频活动"（audio activity）和"声音信号"（acoustical signals），但权利要求要素[3]

讨论的是"数字化语音"（digitized speech）。（那么）这些权利要求是关于"音频活动"（audio activity）还是"数字化语音"（digitized speech）？垂直切换使得这些权利要求不清楚。

在这个例子中，垂直切换的结果是什么？假如这件专利卷入诉讼，（结果）很可能是权利要求 18 以及所有权利要求 18 的从属权利要求 19~28，会被认定为无效。类似地，在诉讼中，很可能权利要求 29 以及所有权利要求 29 的从属权利要求 30~46，会被认定为无效。这项专利的权利要求 18 和权利要求 29 给出了一个垂直切换术语导致灾难性权利要求失败的例子（这样的权利要求或者在专利申请支出就无法获得授权，或者哪怕是申请获得授权但是在专利诉讼中会被全部无效掉）。虽然垂直切换很少发生，但它一旦发生，结果可能就非常糟糕。❶

如果您希望做到某个创新点的专利保护最大化，（我们）强烈建议考虑使用权利要求并行，对相同的创新点集中使用不同类型的权利要求。不过（需要注意），如果使用权利要求并行，术语（应当）在不同权利要求之间保持一致（从而避免发生水平切换而丧失并行），并且在每个权利要求内保持术语一致（从而避免发生垂直切换和灾难性权利要求失败的风险）。

4. 书面描述中不必要的限制

这个错误是一个概括性统称，包括书面描述或附图中所有能够

---

❶ 专著 TPV（见第 382~404 页）对专利 US5414796 进行了详细讨论。

限制权利要求（保护）范围但对于解释权利要求的属性或（保护）范围并非真正必需的（多余）作为或不作为。虽然每一次书面描述都可能是潜在限制，但避免不必要的限制是非常重要的。

下面是一个（多余）作为导致不必要限制的例子。一些专利会声明它们仅限于 CDMA 技术，或者发明"优选地适用于CDMA"技术。如果书面描述采用"CDMA、GSM 和所有其他无线连接技术"或干脆采用"所有无线连接技术"这样的表述，则可以避免这一限制。另外，一个（多余）作为导致不必要限制的例子是本书第四章中要讨论的桌游 Monopoly ®（大富翁，又名地产大亨、财源广进）专利，其附图中呈现了大量细节以支持书面描述和权利要求。

前面在常见错误 1 中已经讨论了由于不作为导致不必要限制的例子，其中对于关键权利要求术语"fastener"仅给出一个实施例。当关键权利要求术语采用举例方式进行解释时，在书面描述中仅给出一个例子就是不必要的限制，必须给出多个例子以便扩展术语的范围并包括替代性实施例。下面再举一个同样是不作为导致的不必要限制的例子。假设一个用户与一台电脑或一部电话屏幕交互，将物体从屏幕的一处移到另一处，交互是通过用户和屏幕的接触实现的，但给出的唯一的例子是"通过按压手指或其他人体终端"。（那）手指和屏幕之间（交互时通过）的电信号如何？如果手指和屏幕之间光学、红外、无线电或其他电磁连接又如何？如果一个关键权利要求术语通过举例方式解释未能给出多个实施例，就是对权利要求造成不必要限制的不作为。

这个错误可能发生在专利附图的显示及其说明中。所选择的附图以及附图中的特定要素，必须足以解释该发明，但同时又必须不能够太详细以至于会对该发明的保护范围造成限制。相应地，错误 4

的发生也可能是附图的（多余）作为或不作为所致。

如果一项独立权利要求没有任何附图的支持，那么该权利要求要么（在申请审查时）被专利局驳回，要么日后被法庭拒绝。例如，一个"手段/方法＋功能"（功能性限定）权利要求必须有特定的结构来支持该手段/方法，并且这个结构通常会在一个附图中示出。如果完全没有（给出）结构支持（如果结构上不支持），或者结构支持被认为不足以实现该手段/方法，那么该权利要求就会失败（无效/没用）。

常见错误4有各种表现形式。俗话说人无完人，虽然我们无法考虑到并因此避免专利中每一种可能的"不必要的"限制，但我们应尽最大努力避免。

5. 权利要求差异化使用不当

解释关键权利要求术语通常有三种方法：（1）明确定义；（2）多重举例；（3）附图要素并辅以说明。除此之外，还有第四种被称为"权利要求差异化"的方法，该方法在美国联邦法院解释专利权利要求时被非常广泛地使用。❶ 这个方法是一种司法实践创建的原则，在该原则下，不可以有两个表达相同事情的权利要求，因此，独立权利要求总是会被解释为（保护范围）比其从属权利要求更宽。

---

❶ 参见：LEMLEY M. The limits of claim differentiation [J]. Berkeley Technology Law Journal, 2007, 22: 1398-1410. 其中提到：权利要求差异化原则可以认为是关于权利要求解释"影响最为重要"的（法律）原则（见第1391页）。据称联邦法院（Federal Courts）成千上百次地应用过该原则（见第1392页）。

下面是一个例子：

权利要求1：一种空心的木箱，包括在中部具有空白空间的木块和木制顶部，其中，木块与木制顶部通过连接件（connector）连接。

权利要求2：根据权利要求1的木箱，其中，连接件包括螺丝。

权利要求3：根据权利要求2的木箱，其中，螺丝至少1英寸长。

独立权利要求1是具有连接件的木箱，第一个从属权利要求即权利要求2，明确连接件为螺丝。根据权利要求差异化原则，权利要求1中的连接件必须包括一个或多个非螺丝的选项，因为如果螺丝是权利要求1中唯一的连接件，那么权利要求1就会和权利要求2一模一样，而这是不允许的。

权利要求2从属于权利要求1，权利要求3从属于权利要求2，也说明了这一原则。其中，权利要求2中的螺丝必须包括至少一个长度大于1英寸的选项，（只有）那样，权利要求2和权利要求3就会不同。

（那么）使用权利要求差异化来定义关键权利要求术语究竟会有什么问题呢？问题在于，当（专利）撰写人员为某个特定术语使用差异化时，他或她（并）不知道法庭会如何解释该术语。实际上，（专利）撰写人员本来是可以掌控（专利）申请的，但（他或她）却选择将控制权交给外部主体（其他人）。

下面是一个放弃控制的例子。在上面的权利要求集合中，显然权利要求1中的连接件必须包括螺丝之外的东西，但究竟是什么呢？胶水是否算连接件？胶带是否算连接件？假如一根绳穿过木块和木

第三章 专利中最为常见的 10 项错误

制顶部的通孔,那么这根绳子是否算连接件?如果一颗钉子穿过木制顶部钉入木块,那么这颗钉子是否算连接件?请注意(采用)穿过木制顶部的钉子将导致木箱无法打开,(这个时候)钉子还算连接件吗?如果在书面描述中有关于连接件的定义,或者在书面描述中有列举多个连接件的例子,或者在(某幅)附图中显示了连接件并(对其)进行解释,那么这些问题的答案可能就(很)清晰。不然,我们只能说,权利要求 1 的(保护)范围比权利要求 2 更宽,并且(因此)权利要求 1 包括螺丝之外的东西,但是直到(发生专利诉讼纠纷时)法院作出决定,没人知道这个"(螺丝之外的)东西"(究竟)是什么。如果没有在书面描述中辅以进一步的说明,(那么)权利要求差异化原则会导致权利要求(保护)范围不确定。

(那么)在权利要求差异化原则之下,独立权利要求(保护范围)模糊不清是好事还是坏事呢?笔者的意见是,这种情况是极其不利的。因为这将(权利要求的)解释权交给了法院,而没有人能够提前知道法院会如何判决。理论上,依赖于(权利要求差异化)这一原则,但(同时)在书面描述或附图中却不作任何解释,就是放弃控制权,就好比掷骰子。在笔者看来,这是一种赌博行为,而这(种做法)对于专利撰写人员而言是不合适的。[1]

尽管会(导致)放弃(对权利要求解释的)控制,但是有没有专利撰写人员使用权利要求差异化的正当理由呢?根据至少有一位评论人士的说法,专利撰写人员使用这一原则的一个有效目的是"保护特定的'选项'(替代实施方式),而无须在单独的附图中将

---

[1] 部分代理师对这一观点不赞同。尤其一些代理师故意把独立权利要求撰写得含糊不清,(其想法是)希望法院给予这些独立权利要求(的保护范围)非常宽泛的解释。

它们绘出"。❶ 这种说法（本身）是正确的，并且笔者也同意为每一个可能的实施方式都单独绘制附图是不现实的。不过，笔者的意见是，优选的方式是"除了专利附图外，使用定义和/或多个例子"以对独立权利要求中的关键权利要求术语进行解释。换句话说，笔者同意使用专利附图的说法，但专利撰写人员（还）应该使用其他方法以全面地解释术语。❷

除了避免（绘制）更多的附图，是否还有专利撰写人员使用权利要求差异化的其他理由？有一种被称为"嵌套"（Nesting）的专利撰写概念。在该概念下，单个创新点通过一个（保护范围）非常宽泛的独立权利要求以及（从属该独立权利要求的）一个或多个（保护范围）更窄的从属权利要求保护。（使用）嵌套的意图在于，更宽保护范围的独立权利要求可以覆盖更多的侵权者，但其在诉讼中也容易被无效掉，而从属权利要求的保护范围虽然更窄，但其可能更经受得住（专利）有效性的挑战。❸

拥有一组权利要求，包括一个宽泛的独立权利要求附加一个或多个更窄的从属权利要求，由此最大化权利要求的保护范围和权利

---

❶ 关于"权利要求差异化"（Claim Differentiation），参见：FISH R D. Strategic patenting [M]. Victoria: Trafford Publishing, 2007: 130-131. 本书对于从事专利工作的专业人士——专利律师、专利代理师、专利工程师和企业知识产权管理人员——非常有帮助。

❷ 笔者不确定自己和 Fish 先生的观点是否一致，Fish 先生在（专著 *Strategic Patenting*）第 130 页提到，"需要注意权利要求差异化仅适用于从属权利要求"。这似乎是说，（权利要求差异化）这一原则仅仅在存在至少一个进一步限缩独立权利要求（保护范围）从属权利要求的情况下起作用，而根据（权利要求差异化）定义，似乎就是这样。不过，除此之外，Fish 先生（关于权利要求差异化）的讨论似乎聚焦于权利要求差异化的（工作）原理上，对于独立权利要求中的关键权利要求术语，除了从属权利要求导致的差异化之外，是否应该进行解释，没有发表任何意见。笔者认为，独立权利要求中的关键权利要求术语始终应该予以解释说明，（Fish 先生）专著 *Strategic Patenting* 中关于权利要求差异化的解释中（也）没有任何内容否定（笔者的）这个观点。

❸ 参见 Lemley 论文第 1391 页、1394 页、1396 页以及第 1396 页的脚注 25。

要求的有效性，是采用"嵌套"撰写的合理依据（Legitimate Argument）。的确，宽保护范围和强有效性是有冲突的❶，而唯一的解决方案就是撰写"嵌套的"权利要求，包括宽泛的独立权利要求和更窄的从属权利要求。不过，在"嵌套权利要求撰写策略"中，并未要求甚或建议对于关键权利要求术语不使用任何定义、示例或附图中的元素。在笔者看来，这种做法是没有正当理由的。即使采用嵌套（撰写策略），（也）必须解释（该组）权利要求中的关键权利要求术语。

采用嵌套风格撰写专利权利要求——包括一个宽泛的独立权利要求和有多个从属权利要求支撑——是标准与合适的做法。但是，在笔者看来，将"嵌套"作为依赖于权利要求差异化原则的理由，则是不妥当甚至糟糕的做法。权利要求差异化原则应该留给法院在（那些）独立权利要求无法理解的案件中使用。专利撰写人员则应当在专利中对每一个关键权利要求术语进行解释，并且不应当依赖于权利要求差异化原则。笔者的意见是，使用权利要求差异化来扩大权利要求（的保护范围）是一个虽严重但可以避免的（专利撰写）错误。

6. 缺少权利要求组合

权利要求组合是专利的一项非常重要的特征。具备丰富多样化的权利要求可以增大所有权利要求的总体（保护）范围，并提高至

---

❶ 在专著 TPV 中，笔者提到"权利要求保护范围和权利要求有效性之间存在天然的冲突"（见第 58 页），并用"图表 2-2 保护范围 VS 有效性"予以展示（见第 59 页）。这种冲突在每个 ICT 专利中都存在，虽然这种冲突无法消除，但我们可以通过"嵌套"的权利要求撰写方式对其进行管控。

少一些权利要求经受住有效性挑战的概率。❶ 换句话说，权利要求组合能够在对一项专利进行 VSD（Validity、Scope of Coverage、Discoverability of Infringement 的首字母缩写，即有效性、保护范围、侵权可发现性）评估时，增强权利要求的有效性（V）并扩大保护范围（S）。❷

有很多种（权利要求）组合（方式），包括方法与结构、硬件与软件、方法加功能与其他结构权利要求、系统结构与产品结构❸以及传统的方法权利要求与商业方法权利要求。这些（权利要求）组合的任一种，如果使用适当，（会）提高专利权利要求的有效性和保护范围。

权利要求是为特定的创新点撰写的，多样化的权利要求（可以）为单个创新点提供强有力的保护。❹ 如果专利申请人认为某个特定创新点是相对重要的，那么应该采用权利要求组合（技巧）——不同

---

❶ "权利要求组合"对于无效具有"相对免疫力"（更能够经得住无效挑战）的特性仅仅适用于面对专利的内部问题时；相反地，如果存在常见错误 10 中"破坏专利价值的外部事件"，它们很可能会干掉专利的大部分甚或全部权利要求，哪怕是不同类型的权利要求。

❷ 任何一个关于专利质量和金融价值的评估，都会明确或隐含地包括这三个方面。针对专利撰写过程中每一次撰写权利要求，专利申请过程中每一次修改权利要求，专利律师都应该考虑专利最终的"有效性（有效或无效）、保护范围（宽或窄、深或浅）以及发现侵权的难易程度"。

❸ 存在不同层次的结构，最窄（层次）的就是"部件"（Component）或者可能是"子单元"（Sub‑assembly），更上一层次的通常称作"装置"（Apparatus），也称作"设备"（Device）、"产品"（Product）或"机器"（Machine）。Apparatus、Device、Machine 的中文一般都译为"设备"。最宽泛的结构权利要求是"系统"（System）权利要求，有时候也称作"网络"（Network）权利要求。并非更宽泛的结构权利要求必然比更窄的结构权利要求更好，反而是结构权利要求组合会增加专利的价值。

❹ 强有力的权利要求组合提供了强有力的保护。当多个独立权利要求在它们的前序部分和权利要求元素中使用平行语言时，就出现权利要求组合的特殊形式，即"权利要求并行"。实际上，"权利要求并行"只是"权利要求组合"的一个类型。对于单个创新点，没有什么比"权利要求并行"这种特殊"权利要求组合"形式的保护更强有力。

的结构和方法权利要求来撰写该创新点的权利要求。

有时候，申请人认为他们的发明"完全是一种方法"或"只是一个特定的结构"，并基于这种认识认为该发明运用权利要求组合是不可能的。抑或申请人可能认为："我有两个创新点，但一个创新点完全是结构，另一个完全是方法，因此每个创新点都无法使用权利要求组合。"（诸如）这样的想法完全不正确。在绝大多数案件中，一个创新点最初可能用一个特定的模式（作为一种方法或作为一种结构）表达，但（如果）使用正确的权利要求语言，权利要求的形式可以被转换。例如，结构标签可以用来将方法转换为结构，或者通过聚焦于每个构件的功能而不是结构，则可以将结构权利要求转换为方法权利要求。在实践中，几乎所有情况下，对于一个特定的创新点，（都）可以使用权利要求组合。

那么应该这么做（使用权利要求组合）呢？在一些情况下，答案是"是的"，对于一个特定的创新点，应该有一个权利要求组合。在另一些情况下，则不应该使用权利要求组合。为什么不应该呢？因为权利要求组合的撰写相对昂贵，可能申请过程[1]相对更长并且申请费更高。（因此）专利撰写时要求（我们）作出选择，而选择应该这样作出（参见表3-3），从而某些创新点比其他创新点获得更多的关注与投入。

表3-3 涉及权利要求组合的选项

选项	优点	缺点
无权利要求组合	(1)权利要求撰写更简单，成本更低。(2)申请费可能更低	（专利）保护未最大化——权利要求保护范围和权利要求的有效性都有风险

---

[1] 此过程包含专利申请的审查与答复。——译者注

续表

选项	优点	缺点
使用权利要求组合，但不使用权利要求并行	（1）权利要求有效性更强——权利要求在应对无效挑战时更具抵抗力。（2）权利要求（保护）范围更大	（1）比不采用权利要求组合时撰写成本更高。（2）仍然没有获得权利要求的最大化可保护范围
使用权利要求并行	单个创新点的最强可能保护——覆盖所有的实施方式	（1）比不采用权利要求组合时撰写成本更高。（2）仅限于该单个创新点（其他创新点必须被不同的权利要求覆盖）

尽管权利要求组合具有明显的优点，但在很多专利中，单个创新点并没有使用权利要求组合（撰写）。一些申请人宁愿为更多的创新点撰写（更多的）独立权利要求，而不是聚焦于单个创新点。在一些情况下，资源限制导致无法撰写更多权利要求。如果不管什么原因，在经过（充分）考虑后，作出针对一个特定的创新点不采用权利要求组合的决定，（那么）就没有问题。如果因为压根就没有考虑（权利要求）组合从而针对创新点什么也没做并因此为撰写权利要求组合，这就是犯错。

7. 在一项权利要求内元素组合不当

相对于缺少权利要求组合是不作为错误，另一项与权利要求组合相关的错误是"权利要求组合使用不当"，是"使用错误"。虽然在专利中组合权利要求是好的做法，但在单个权利要求中将客户端侧元素与服务器侧元素组合则是极其糟糕的。为什么呢？

在一项权利要求中将服务器侧元素与客户端侧元素组合,"分离式侵权原则"(Doctrine of Divided Infringement,也称分担式侵权原则)会导致权利要求无法得以主张(Unenforceable)。专利侵权的一般原则是,一项权利要求的所有元素(都)必须由一个主体执行,如果发生这种情况,那么执行这些元素的主体就会实施"直接侵权"(Direct Infringement)。❶

第二个主体可能没有执行权利要求的所有元素,但相当于用某种方式参与第一个主体的侵权行为。第二个主体参与第一个主体侵权行为的行为(就)被称作"间接侵权"(Indirect Infringement)。间接侵权是一个复杂的问题,大致而言,有两种形式,分别是"诱导"(Inducing)第一个主体实施侵权行为(称作"主动诱导")❷和"贡献"(Contributing)一个被第一个主体侵权的一项结构权利要求中的组件(称作"协助侵权")。❸ 间接侵权一般有三个要求,分别是:(1)第一个主体直接侵权;(2)第二个主体通过"诱导"或"贡献"的方式参与第一个侵权;(3)第二个主体有意(Intent)参与实施侵权行为。

但是,在所有情形下,(都)必须有直接侵权行为(发生)。这意味着单个主体已经实施单个专利权利要求中所有的步骤或结构元素。一项将元素在两个或更多主体之间分割的专利权利要求无法被任何一方直接侵权,由于不可能有对权利要求的直接侵权,因此(也)不可能有对权利要求的间接侵权。权利要求并非无效;相反,权利要求是有效的,但却无法主张(没有人能够侵权该权利要求)。

---

❶ 直接侵权的责任法律规定见美国专利法第 271(a)条(35 United States Code sec. 271(a),即美国法典第 35 章第 271(a)条)。
❷ 美国法典第 35 章第 271(b)条。
❸ 美国法典第 35 章第 271(c)条。

尽管"分离式侵权原则"已经在诉讼中被多次挑战，但美国联邦最高法院在 2014 年 6 月 2 日的案件❶中（还是）判决该原则依然有效。

在单个权利要求中把必须由两个或更多主体执行的元素包括进去，是专利失败的（一个）原因。这种情况频繁发生，发生的最常见形式是在同一个权利要求中包括客户端侧元素和服务器侧元素。这是一个专利撰写时虽严重但可以避免的错误。

8. 不当使用非标准术语

我们已经讨论过用非标准方式不当使用标准术语，并且给过一个行业内有名的术语示例——"metacode"（元代码）被以非标准方式使用。

不过，还有一种错误就是使用非标准术语替代众所周知并被广泛认可的标准术语。这种做法也必然导致混淆，因此是一项严重的错误。下面是两个例子。

一项专利权利要求刚好包括三个部分，它们是：（1）前序部分（一般性主题）；（2）过渡语句部分；（3）权利要求主体部分（权利要求的元素），假设如下权利要求：1. A table, comprising [1] a top and [2] at least four legs, [3] wherein the top is attached to each of the legs". (1. 一种桌子，包括 [1] 桌面和 [2] 至少四条腿，其中，

---

❶ 在专利诉讼案件 *Limelight Networks, Inc. v. Akamai Technologies, Inc., et. al* (Case No. 12-786, 134 S. Ct. 2111 (June 2, 2014))中，美国联邦最高法院判定，只有当第一个主体已经实施美国法典第 35 章第 271 (a) 条规定的直接侵权，才能出现第二个主体实施的美国法典第 35 章第 271 (b) 条规定的主动诱导侵权。美国联邦最高法院的该项一致判决推翻了联邦巡回法院的相反决定，并基本上废掉了对起诉 Limelight Networks（被告）的 Akamai（原告）有利的 4000 万美元陪审团决定。

桌面与每条腿连接）在该权利要求中，前序部分是"A table"，过渡语句部分是"comprising"，权利要求的主体即元素［1］、元素［2］和元素［3］。

有三种标准的过渡语句（表达形式），分别是"comprising"（包括）、"consisting of"（由……组成）和"consisting essentially of"（基本上由……组成）。❶ "comprising"（包括）的意思是"权利要求所记载的，以及潜在的更多组成"，"consisting of"意味着"（就）权利要求所记载的，别无其他"，而"consisting essentially of"的意思是"基本上（就）是权利要求所记载的，不过可能还（包括）有非关键性增加内容"。"consisting of"和"consisting essentially of"在BCP专利中非常常见，但不怎么见于ICT专利中。

应当出现在ICT专利中的唯一一个过渡语句是"comprising"（包括）。

在ICT专利中使用诸如"consisting of"或"consisting essentially of"作为过渡语句是错误的做法。（由于）这个错误严重到它近乎"渎职"，因此这种情况很少见到。更为常见的是，专利权人有时候使用非标准的过渡语句，例如"including"（包括）或"containing"（包括）或"incorporating"（包括）。为什么专利权人要使用这样的非标准专利术语呢？使用非标准过渡语句不会给权利要求增加任何（有利的）东西，却会给权利要求包括什么或排除什么造成混淆。与之相对，标准的术语"comprising"提供最宽泛的可能覆盖范围且无疑义。在撰写专利（申请文件）时，有很多地方需要创意，但（过渡语句）这个地方不是。在ICT（专利的）权利要求中，只应该出

---

❶ 过渡语句的种类要比三种多得多，但标准的过渡语句就这三个：comprising、consisting of 和 consisting essentially of。

现标准过渡语句"comprising",其他用法都是错误的。

第二个当有标准术语存在却使用非标准术语的例子发生在笔者称为"structural tags"(结构标签)的情形中。结构标签是用于表达存在状态的术语❶,使用结构标签将本来是方法中的步骤转换为结构。❷ 可能最常见的结构标签就是"adapted to"(适用于)和"configured to"(配置为),其后跟随一个动作。

对于结构标签至少可能发生两种错误。

(1)专利中使用非标准语句,例如"set up to"(设置为)或"designed to"(设计为)甚或更糟"intended to"(意在)。这些语句都是不清楚的。笔者再次想问,当有两个标准且其中任何一个都是完全可以接受的术语("adapted to"和"configured to")时,为什么要使用非标准的专利语言呢?对于结构标签,要么使用"adapted to",要么使用"configured to"。

(2)专利中使用两个或者更多结构标签。其中,一个标签可能是非标准术语,例如"intended to",这(术语)本身就很糟糕。此外,在单件专利中,即使使用两个可接受的术语"adapted to"和"configured to",也是错误的,在不同标签之间切换会造成混淆。

选择"configured to"或"adapted to"中的一个标准术语,并在单件专利中排他性地将其作为结构标签使用。❸

---

❶ 术语"结构标签"的定义参见本书"词汇表"。

❷ 权利要求要么是结构权利要求,要么是方法权利要求。这意味着权利要求的所有元素要么是结构的组成部分,要么是方法的组成步骤。

❸ 在专利 US6714983 的权利要求 1 中,有三种不同的结构标签,即 adapted to、adapted for 和 arranged to,就是这一个权利要求,为博通公司(Broadcom)带来 8.91 亿美元和解金额的巨大胜利。(不过在笔者看来)这一大笔和解金由于使用了非标准的结构标签 adapted for 和 arranged to 以及在这一个权利要求中于三个不同的结构标签之间莫名其妙地切换而有灭失的危险。显然(从结局看),这是一个好权利要求,因为它带来了这么多钱,但是在多个结构标签之间切换却是糟糕的做法,对权利要求的金融价值而言是危险的。

9. 错误依赖前序部分

前序部分是一项专利权利要求三个组成部分中的第一个,那么在前序部分可能有的限定是作为权利要求的一部分,抑或不是。以下引述的是美国联邦巡回上诉法院(United States Court of Appeals for the Federal Circuit,CAFC)关于"解释权利要求前序部分的原则"的说明。笔者将 CAFC 的说明进行解析❶,并采用带括号数字进行区分以便于引用不同的概念。

通常而言,权利要求的前序部分是限制性的,如果[1]"其引述了必不可少的结构或步骤",或者如果[2]"其对于权利要求的'存在、含义和有效性'是必需的" *Id.* at 808❷ [*Quoting Pitney Bowes, Inc. v. Hewlett – Packard* Co. 182 F. 3d 1298, 1305 (Fed. Cir. 1999)]。[3]但是,如果权利要求的主体部分"描述了结构完整的发明,以至于把前序语句删除也不会影响到请求保护的发明的结构或步骤" *id.* at 809,那么前序部分通常不是限制性

---

❶ 在这里"Parsing"(解析)是指出于分析的目的而将某个文本分解成(多个)组成部分的程序。

❷ 因为本段英文说明是摘自 CAFC 的判决,此处的"引用"在之前出现过,因此这里使用 *Id.* 进行简化指向。查看 Intirtool 判决可知,该"引用"为 *Catalina Mktg.*, 289 F. 3d at 808 – 09 (Fed. Cir. 2002), *Id.* at 808 指的是该"引用"的第 808 页;后面的 Quoting *Pitney Bowes, Inc. v. Hewlett – Packard Co.*, 182 F. 3d 1298, 1305 (Fed. Cir. 1999) 指的是前述的"引用"即 Catalina Mktg. 判决在第 808 页的相应内容中引用了 CAFC 在 *Pitney Bowes, Inc. v. Hewlett – Packard Co.* 案件的判决所在出版物 182 F. 3d 第 1305 页的相关内容;后面的相似引用的逻辑相同,不再赘述,如果读者希望更多了解美国法院判决及其出版规则和引用规则的相关内容,可与译者直接联系。——译者注

的，[4] 除非"在专利申请的审查过程中，有明确依赖于前序部分来将请求保护的发明与现有技术区分开" *id.* at 808❶（笔者采用括号拆解以便于下面开展讨论）。

因此，验证（权利要求前序部分是否有限定作用的）方式是这样的：（权利要求）前序部分的限定将适用于权利要求的其余部分，如果[1] 前序部分记载了"必不可少的"结构或步骤，或者如果[2] 前序部分"对于权利要求的存在、含义和有效性'是必需的"，或者如果[4] 在专利申请的审查过程中有依赖于前序部分以和现有技术区分。但是，前序部分的限定将不适用于权利要求的其余部分，如果[3] 权利要求（而不是前序部分）的其余部分描述"结构完整的发明"并且删除前序部分，就不会影响权利要求的其余部分"。

在笔者看来，上述（验证）标准在现实中不可能应用。笔者认为，条件[4] 是明确的，但其他几个条件就不是（这么明确）了。（究竟）什么是"必不可少的结构"？什么是"必不可少的步骤"？什么是"权利要求的存在"？什么是"权利要求的有效性"？什么是"结构完整的发明"？

笔者不是要批判这个法律（判断）标准，而是因为我们意识到，在权利要求字面含义不清楚的情况下，试图解释一项专利权利要求是非常困难的。笔者只是说，根据前面所说的法律（标准），没有人能够确定某一特定的前序部分是否会被法院读入权利要求（以用于

---

❶ 参见 CAFC 的 *Intirtool, Ltd. v. Texar Corporation* 案件判决所在法院判决集 369 F.3d 第 1295 页。亦可参考有时被称为"美国专利审查员圣经"的《专利审查程序手册》（*Manual of Patent Examining Procedure*）第 2111.02 节（网址：http://www.bitlaw.com/source/mpep/2111_02.html，2014 年 9 月 1 日最后访问）。在 Fish 先生所著的 *Strategic Patenting* 第 77 - 84 页也作了非常好的讨论。

第三章　专利中最为常见的10项错误

解释权利要求）。如果前序部分被读入权利要求（以用于解释权利要求），那么没有人能够确定前序部分将如何用于解释权利要求。在某些情况下，前序部分根本就不会被读入权利要求（以用于解释权利要求）❶，而在其他情况下，前序部分会被读入权利要求（以用于解释权利要求）。在一个广为人知的案例中，（由于）将前序部分读入权利要求中挽救了权利要求，并且给专利权人带来了1亿美元和解金的（良好）结局❷，可是没有人能够确定这样的情况什么时候并且如何发生。

使用前序部分来挽救权利要求，与使用权利要求差异化来解释权利要求非常相似，这两种做法可以而且应该由法院来采用，否则法院无法理解权利要求要表达的内容。但这些做法无法由专利撰写人员控制，因此在专利申请撰写和答复处理过程中不应该使用。依赖于前序部分是错误做法。❸

---

❶ 在 Intirtool 判决中，CAFC 拒绝将前序部分适用于权利要求其余部分。

❷ 在专利诉讼案 Uniloc USA, Inc. 及 Uniloc Singapore Private Ltd. 诉 Microsoft Corporation ［*Uniloc USA, Inc. and Uniloc Singapore Private Ltd. v. Microsoft Corporation*, 632 F. 3d 1292（Fed. Cir. 2011）］中，权利要求 19 的完整前序部分是 "A remote registration station"（一个远程注册站）。微软公司认为，权利要求 19 是一个包括客户端侧元素和服务器侧元素的系统，因此按照分离式侵权原则（该权利要求）是不可主张的。CAFC 判决认为——尤其是基于（权利要求的）前序部分——权利要求 19 不是一个系统权利要求，而是一个产品权利要求，因此分离式侵权原则不适用。在该判决之后不久，双方就和解了，据称微软公司总计支付了 1 亿美元。这是一个不寻常的案例，它并没有颠覆专利起草人不能依赖于前序分布来限定权利要求其余部分的规则。

❸ 不应当使用前序部分（来限定权利要求其余部分）这一原则的一个可能例外在美国被称为 "Jepson 权利要求"（Jepson Format Claim），在欧洲被称为 "两部分式权利要求"（Two-part Claim）。在这种类型的权利要求中，前序部分非常长，其后首先跟随的是诸如 "wherein the improvement comprises"（其中改进点包括）的过渡语句，然后才是权利要求的主体部分。在一项 Jepson 权利要求中，前序部分的所有内容将视为（承认是）现有技术，而权利要求的主体部分会被解释为对该现有技术的改进。在《欧洲专利条约》（*European Patent Convention*）第 43 节之（1）的规定下，这种类型的权利要求在欧洲是常见的。在美国，由于专利工作者不希望就现有技术作出任何形式的承认，这种类型的权利要求非常不受欢迎。

依赖于权利要求前序部分毫无道理,因为专利撰写人员无法确定(前序部分)是否以及如何读入权利要求(以解释权利要求)。简短、简单和无条件的前序部分,不带任何限定内容,是ICT专利的优选(撰写)方法。

10. 破坏专利价值的外部事件

除了前述常见错误(1)~(9)代表的内部错误,还存在"破坏专利价值的外部事件"。这些事件或者错误之所以说是"外部"的,是因为它们并不存在于专利本身或专利审查过程中。相反,它们指的是已经发生的事件,或者本应发生却未发生的事件,而这些已经发生(或未发生)的事件对专利的质量和价值都是有害的。在本小节的结尾将列举并解释几个这类事件的例子。

破坏专利价值的外部事件的特点如下:

外部事件具有某些特点,并使得它们和内部因素有所不同。

(1)任何人通过查看专利或审查历史,都无法知道(这些)外部事件。因此,通过阅读公开文档无法知道这个问题(的存在)。或许通过额外的调查研究可以发现这些外部事件,但专利本身是不会告诉你的。

(2)由于外部事件具有的非公开特性,专利局并不知道这些事件,因此可能会使那些本不会被授权的专利权利要求授权。类似地,当有人计划购买、许可某项专利或针对专利进行规避设计时,通过阅读专利并不能知道专利权利要求的实际保护范围或有效性,并且可能因此作出不当的决策(例如,花费过多费用购买专利,或者为了避免侵权实际上无效的权利要求而投资不必要的规避设计)。

（3）这些外部事件可能永远都不会被发现。如果它们没有被发现，那么它们永远不会对专利造成影响；即使被发现，也可能是在专利授权之后很多年，且很可能是专利涉及诉讼所致的结果，而在外部事件未被知晓的那些年，专利的价值丝毫不受影响。

（4）如果这样的外部事件被发现，则可能会对某些专利权利要求或整个专利造成"灾难性后果"。这里，"灾难性后果"的意思是，整组权利要求会被无效掉，包括该组权利要求的独立权利要求和所有从属于该独立权利要求的从属权利要求。在一些情况下，整个专利的所有权利要求会被无效掉。相比之下，很少见到因内部错误而致的"灾难性后果"——是的，有时候会因内部错误导致"灾难性后果"，但不常见，而外部事件导致这种"灾难性后果"却是非常普遍的。为什么会有这种差异？因为内部事件通常只影响一个权利要求，或者仅一个关键权利要求术语抑或仅仅一个创新点，而外部事件往往意味着这件特定专利的整个专利申请过程存在缺陷，这从下面的例子中可以明显看出。

以下是一些破坏专利价值外部事件中较为常见的例子。

（1）未能向专利局披露（一份）重要的现有技术。在美国，专利申请人没有检索现有技术的义务，但是有责任让专利局知悉申请人认为和授予权利要求"相关的"现有技术。有时候，一份现有技术是否是"相关"的并不明确，但如果申请人知道一份现有技术，知道该现有技术是相关的并且故意不披露该现有技术，这种做法就构成欺诈（Fraud）。如果这些做法被（其他人）获悉，那么整个专利包括其所有的权利要求在内，将变得对任何人都不可主张（Unenforceable）。

（2）故意在专利中列举错误的发明人信息。这是在专利局面前构成欺诈的另一种形式，结果同样是灾难性的。善意的（Good Faith）错误可以纠正，但不可以是蓄意误导。例如，当多个发明人为了争夺发明的所有权时——现实中这并不少见——这种事情就会发生。

（3）在（专利）申请提交之前就已经发生的外部事件。所谓"销售限制"（On-Sale Bar），就是一个例子。如果一个包括有创新点的产品或服务已经销售，销售者可能丧失就该创新点申请获得专利的权利。❶ 专利局（在审查专利时）不可能知道（已经）有这样的销售（事件或行为），因此会继续给专利授权，仿佛销售（事件或行为）从未发生一样。❷ 虽然在该（销售）事件未被发现的情况下专利（会）保持有效，但专利总有随时被无效掉的危险。

（4）在专利授权之后发生的外部事件。例如将专利许可给一家或更多公司，这个事件不会影响权利要求的有效性或保护范围，因此不会影响专利的质量，但对专利许可或出售的剩余价值有不利影响。❸

---

❶ 在美国，有一年的宽限期。这意味着，包括创新点的产品可以销售，但创新点还是可以申请专利保护，前提是专利申请于销售行为的一年内提出。在全球其他地方，没有宽限期的概念，要求的是绝对新颖性，因此，如果销售包括发明点的产品，就可能导致完全或彻底丧失专利保护。

❷ 专利 US5774670 就是与销售限制有关的一个例子。该专利是最早包括 Internet cookies 的专利之一。虽然该专利本身的质量特别好，但它的金融价值几近于零，原因就是在专利申请之前的销售行为。在专利申请提交 15 年以后，这一外部事件在专利诉讼的过程中被发现。US5774670 的情况参见专著 TPV 第 5 章。Internet cookies 指某些网站为了辨别用户身份，进行 session 跟踪而储存在用户本地终端上的数据（通常经过加密），参见百度百科：https://baike.baidu.com/item/cookie/1119。——译者注

❸ 从专利获取金钱价值（Monetary Value）通常不被视为"破坏专利价值的外部事件"，对此我们可以稍加改变，情况就会变得更加清晰。企业资助外部研究这种事情经常发生，尤其是资助在大学开展的研究。而这类资助的一个非常常见条件就是大学将开发的技术以及基于该技术获得的所有专利许可给企业。显然，最有兴趣获得专利许可的企业肯定是资助研究的企业，但该企业已经获得许可，因此后续购买该专利的买方将无法再对资助研究的企业进行许可。为了更清楚地解释这一点，想象一下，如果研究资助者不是一家企业而是某个行业内多个企业的联合体，那么该联合体的所有成员都将因该项资助而获得一份许可。这种性质的资助可能在任何时间发生——在专利申请以前、在专利审查过程中甚或在专利授权以后（很可能是为了作进一步的研究）。不管哪种情形，由企业提供研究资助，通常都会要求资助方获得专利许可，而这种许可会减少专利对于潜在买家的潜在价值。

第三章　专利中最为常见的10项错误

还有其他会破坏专利价值的外部事件，这些事件可能造成灾难性后果，因此，只要有可能，专利权人就要避免这些事件。❶

结　语

专利中可能出现很多错误：一些是不作为所致，例如未能使用权利要求并行来保护单个创新点，或者未能在专利中使用权利要求组合；其他错误是采取（不当）动作所致，例如使用权利要求差异化来定义关键权利要求术语，或者在单个权利要求中组合客户端侧元素与服务器侧元素，或者使用非标准的专利术语，以及依赖于出现在权利要求前序部分的（限制）条件。

专利中最常见的错误是关键权利要求术语和这些关键权利要求术语的解释不匹配，这一错误可能是不作为或执行所致。作为不作为错误，表现形式是权利要求中使用的关键性术语未在专利的任何地方作出解释；而作为执行错误，表现形式是关键性术语在权利要求中采用一种方式使用，但在专利的其余部分却采用不同的方式解释。

这些例子都是内部错误，而非影响专利的"外部事件"。这些内部错误存在于大多数ICT专利中，并破坏这些专利的质量和价值，这就是坏消息。好消息是，这些错误都在专利撰写人员的控制之下。

---

❶ 笔者不是说应该避免将专利对外许可变现这样的事件，但要说明的是，将专利低价许可出去可能是非常严重的错误。以低于市场价的方式将专利许可给被许可方，会降低将来可能从该被许可方获得的许可权利金（Licensing Royalties），同时还会树立一个参考标准（Benchmark），被其他被许可方作为争取低许可费率（Royalty Rate）的理由。许可这件事本身很好，但必须谨慎执行。

只要意识到这些常见错误，就可以撰写专利并避免这些常见错误，由此帮助（专利）申请人获得可以最大化其发明价值的高质量专利。

内部错误（也）可能造成严重的后果，但在大多数情形下仅限于单个权利要求或单个关键权利要求术语。与之相反，破坏专利价值的外部事件往往导致灾难性的结果。此外，一旦发生这样的外部事件，实践中基本无法对其进行弥补。由于这些原因，应当努力避免任何可能破坏专利价值的外部事件。

第四章
攻坚专利案例

引　言

本书第一章介绍了专利的基础知识和撰写专利的基本方法，第二章介绍了撰写攻坚专利应该注意的原则，并在第三章讨论了专利中最常见的 10 项错误。接下来的第四章，将用几个具体的例子来具化"攻坚专利"的概念，确切地说，我们将讨论 5 项专利。

不过，这 5 项专利并不都是高质量的专利，其中的一些是非常好的，但另一些则不是。笔者选择这些专利作为本书的结束部分，是因为这些专利的主题本身就比较有意思，同时也因为它们既体现了"攻坚专利"的概念，又展示了当专利撰写中存在最常见的错误时专利如何丧失其价值。

表格 4-5 将第四章中讨论的专利与最常见的错误进行比较，并以此作为本书的结尾。

IP 攻坚专利

1. 第二次世界大战中的美貌、智慧和专利：海蒂·拉玛专利

• 简 介

海蒂·拉玛是一位漂亮的奥地利女演员，也是"有声电影"时代的第一批明星之一。20世纪30年代初，她的部分早期电影以今天的标准来看（仍然）略带色情，在当初制作的时代肯定是备受争议的。但美貌与演技并非海蒂·拉玛对于历史（贡献）的全部。她的第一任丈夫是一位第二次世界大战之前的重要军火商，海蒂·拉玛（经常）陪同她丈夫会见科学家，显然，海蒂·拉玛完全理解他们讨论的内容。在第二次世界大战之前，海蒂·拉玛移居到美国，并在加利福尼亚州的好莱坞定居，并在战争年代出演了十多部电影。❶

1941年，海蒂·拉玛与钢琴家兼电影作曲家乔治·安塞尔（George Antheil）共同递交了一项专利申请，并且在1942年8月11日获得专利授权，专利号为US2292387，专利名称为"保密通信系统"（Secret Communication System）。该专利与跳频电子通信有关，在某种程度上，这项专利至少是诸如蓝牙（Bluetooth）、无绳电话（Cordless Telephones）、全球定位系统（GPS）、ISM频段专用系统（ISM – band Private Systems；ISM：Industrial Scientific Medical）、无

---

❶ 简介摘自维基百科"海蒂·拉玛"条目。

线保真（Wi-Fi；Wireless Fidelity）、无线局域网 WLAN（W-LAN；Wireless Local Area Network）等现代通信系统基础的一部分。这项专利是关于什么的？根据本书中讨论的教训，该专利是不是一项攻坚专利呢？我们将会看到，这项专利的技术是非常好的，发明的书面描述也非常好，但是专利的权利要求却犯了严重的错误。因此，这项专利算不上是攻坚专利。

- **专利** US2292387

这项专利的具体目标是能够针对敌船等对象有针对性地制导鱼雷。在此之前，鱼雷制导的问题在于，敌船能够发现控制信号，然后要么堵截控制信号，要么向鱼雷发射错误信号。❶

这项专利的基本思想是在将鱼雷从控制船发射时同步控制船上的发射器和鱼雷上的接收器。（位于控制船或者飞机上的）攻击者（Attacker）观察鱼雷的路径和目标船的路径，并抄送信号到鱼雷的接收器，从而控制鱼雷的左舵或右舵，由此将鱼雷引向目标船。美国专利 US2292387 的附图 7 显示了鱼雷变化移动路线的过程（本书将其作为图 4-1 列出）。

为了防止敌人"拦截"控制信号或者发送错误命令"误导"，该专利展示了用于按照只有控制船和鱼雷知晓的预设机制来改变传输频率的系统和方法。在不同频率之间的"跳动"并不为敌人所知悉，因此敌人无法堵截或发送误导信号。事实上，尽管敌人肯定在监测预期的频率，但实际情况很可能是敌人无法提取不同频率上相

---

❶ 美国专利 US2292387 第 2 页第 1 栏第 11~16 行。

对短暂的控制传输信号，可能既不知晓控制传输新信号，也可能不知道鱼雷即将到来。

控制传输信号在 88 个不同频率跳动，由于其（88 个跳频）刚好是钢琴琴键的数量，这显然也反映出了该发明❶的灵感来源。US2292387 的附图 4 显示了在钢琴上的跳频，该图作为本书的图 4-1 列出。

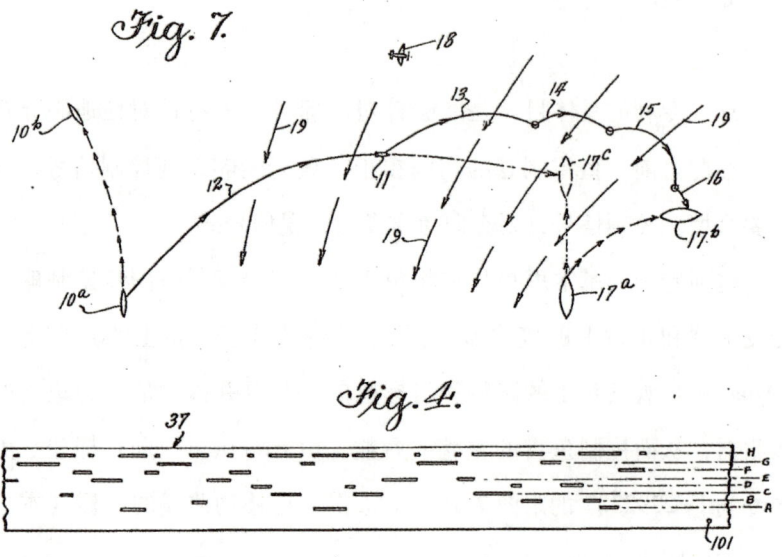

图 4-1　专利 US2292387 的附图 7 与附图 4

---

❶　演奏钢琴及其 88 个琴键在专利 US2292387 的书面描述开头部分（书面描述第 1 页第 1 栏第 23～26 行）和靠近结尾部分（书面描述第 4 栏第 38～40 行）有明确提及。88 个琴键对应的是一台全尺寸钢琴的 88 个黑键与白键。演奏钢琴是该发明构思的重要组成部分，跳频无线电传输、演奏钢琴的穿孔纸卷、鱼雷控制三个概念组合在一起，是对现有元素的创新性组合。虽然这种组合令人惊讶，但使用现有元素的做法不应该令人惊讶。每一种发明都只是以新的和出人意外的方式对现有元素进行重组或修改。在人类历史中，不存在"从无造有"（creatio ex nihilo）这样的东西，这种力量完全属于更高级别的物种。

该专利申请就在珍珠港事件爆发前几个月提交，中途岛战役之后不久获得美国专利局的授权。这项专利中的技术非常热门，以至于美国政府在专利授权时禁止公开。❶ 海蒂·拉玛希望通过加入全国发明人协会（National Inventors Council）来帮助美国参加的战争，不过查尔斯·凯特林（Charles F. Kettering）——一位传奇发明家和通用汽车（General Motors）的研发负责人却建议海蒂·拉玛作为电影明星去卖战争债券（War Bonds）会更好。❷ 这项专利中描述的技术在猪湾事件（Bay of Pigs Invasion，也称吉隆滩之战，Invasión de Playa Girón）失败之后被美国海军在1962年古巴导弹危机（Cuban Missile Crisis）期间对古巴进行封锁时使用。❸

从本书列举的"教训"来看，专利US2292387如何？我们是否可以将它视为"攻坚"专利呢？简要概括如下。

（1）尽管有一些小错误，但总体来讲，书面描述部分在描述特定发明时非常好；也许还不能说是"惊人"，但至少是令人感到惊讶的是，一位女电影演员和一位钢琴演奏家能够就一项如此重要的技术撰写专利（申请文件），而这是已经发生的事实。这项专利有很多前向引证❹，到了2016年还有专利引证它。❺

（2）1942年的权利要求风格和我们在如今的专利中看到的大

---

❶ 维基百科"海蒂·拉玛"条目第三段。
❷❸ 维基百科"海蒂·拉玛"条目下题为"Frequency – hopping spread – spectrum invention"的内容。
❹ 该专利被之后的专利引用。粗略统计，US2292387被后续专利和专利申请引证的次数超过100次。通常认为，被后续专利引证的次数越多，则说明被引用专利的技术重要性越高。——译者注
❺ 尽管美国专利US2292387是在1942年获得的，但它现在仍被引用，在过去的10年里，它的被引用次数多达54次。最新引用它的是美国专利US9883520，于2016年6月27申请并于2018年1月30日授权公告，该专利描述了使用跳频技术（正是美国专利US2292387中介绍的技术）来监控通信频道，然后基于它们的性能相对水平选择（通信）频道。

不相同。不管怎样，本书的基本理念还是适用的。遗憾的是，这项专利的权利要求（撰写）非常糟糕，尤其是相较于在说明书中记载的这一杰出技术本身而言。该专利的权利要求几乎犯了本书讨论的所有常见错误，包括关键权利要求术语定义不清、扩展不充分、并行缺陷、书面描述中的不必要限制、缺少权利要求组合、同一项权利要求内元素组合不当、非标准化术语以及错误依赖前序部分等。

总而言之，这是一项技术性很强但权利要求很弱的专利，因此它算不上是"攻坚"专利，但它却展示了专利攻坚的原则。

- 书面描述

这项专利中没有写明"背景技术"部分，关于现有技术的所有讨论并没有出现在开头，而是在第 2 页第 1 栏第 9~16 行记载如下：

> 前面描述的鱼雷远程控制方法非常旧，基本上不构成我们发明的组成部分。不过，由于敌人能够很快发现控制信号的频率并通过发送同频率的错误信号来阻止对鱼雷的控制，因此以前（实际上）很难对鱼雷进行无线控制。❶

第一栏第 1~53 行（专利文献左侧），是非常好的发明概述部分，尽管在这项专利中没有采用这样的内容标题。关于附图 1~7 的简要描述也是够的。详细描述部分有问题，其描述的顺序首先是附图 7，然后是附图 1、附图 4、附图 5、附图 2、附图 6，最后附图 3。尽管顺序有点奇怪，但在接下来的讨论中没有实质性的困难。下面

---

❶ 美国专利 US2292387 第 2 页第 1 栏第 9~16 行。

几点是书面描述中比较好的地方。

（1）以附图 7 的讨论开始有一定的道理。该图显示了鱼雷被引导去攻击一艘移动船只的操作方法。对核心目标进行解释有助于读者快速了解整个发明。

（2）尽管该发明依赖于实际观察❶来重新引导鱼雷，但观察点并没有限制为控制船，还可以是飞机，也可以对鱼雷进行引导。在该申请于 1941 年提交时，这种扩展是非常巧妙的做法。

（3）最多可同时发送和接收四个信号，在此之外，还有三个发射器可以用来发送虚假信号来迷惑敌人。❷ 这是一个很好的补充。

（4）通过替代方式提高了（说明书公开内容的）弹性和（权利要求的）保护范围。

——具体的频道数量（88 个），只是举例。

——系统可以设计为控制不止一个舵，也可以是两个或者更多个（这对于鱼雷等之外的系统可能尤其有用）。

——系统描述了水下使用的鱼雷。由于鱼雷靠近水面，因此该系统看起来是二维平面的，不过在书面描述中特别指出对"航空鱼雷"和"可以在垂直方向以及水平方向都进行控制的其他类型飞行器"的控制都是可行的。❸"航空鱼雷"（Aerial Torpedo）这一术语没有定义，但（发明人的）意图似乎是空对地导弹。尤其需要指出的是，将"只在水平方向"（意思是 2D 即二维平面）扩展到"水平

---

❶ 关于具体如何进行观察，请参见 US2292387 说明书第 1 页第 2 栏第 3 行至第 2 页第 1 栏第 8 行。——译者注

❷ 美国专利 US2292387 第 3 页第 2 栏第 57~65 行，此处使用的词语是"condensers"（电容器）而不是"transmitters"（发射器）。

❸ 美国专利 US2292387 第 5 页第 2 栏第 11~15 行。

和垂直方向"（意思是 3D 即三维空间），可以大大扩展专利的（保护）范围。

（5）专利中没有与笔者称为"定义"相当的内容。前面笔者已经提到，"定义"部分应该放在详细描述部分的最开始位置。不过，（专利说明书中）对于其中一个最重要的关键权利要求术语"载波"（Carrier Wave）有明确的定义，即在权利要求中使用的载波这一表述，指的是在采用相位调制（Phase Modulation）或频率调制（Frequency Modulation）时的未调制波（Unmodulated Wave）。❶

虽然上面的做法不错，但书面描述中也存在一些会对权利要求造成影响的不足之处，包括以下三个书面描述中的常见错误：常见错误1——关键权利要求术语不清楚（产生的原因：书面描述中缺少解释或者相应的解释有欠缺），常见错误2——未充分扩展，常见错误4——书面描述中不必要的限制。以下是该专利中上述常见错误的示例。

（1）常见错误1：一些关键权利要求术语没有任何解释说明，例如"控制站"（Control Station）和"移动飞行器"（Movable Craft）。

（2）常见错误1：操作员的角色不完全清楚，由于某些原因，显然是撰写时简单的疏忽，关于"左转"的描述是"在按下 L 键时……"，而"如果操作员希望操作右舵……他（应该）启动 R 键"。❷ 那么 L 键是自动启动，而 R 键是人工启动的？L 键和 R 键之间的这种（操作）差别没有意义。尽管专利并没有这么说，但很可能两个键都必须通过人工启动。（可见）书面描述中的说明存在

---

❶ 美国专利 US2292387 第 4 页第 2 栏第 22~25 行。
❷ 美国专利 US2292387 第 2 页第 1 栏第 41~55 行。

缺陷。

（3）常见错误2：（该发明的）许多变型根本就没有提及，甚至被排除了。该发明提到了海上观察和空中观察，但为什么没有陆上观察呢？

（4）常见错误2：在显然可以预测到双向系统——例如在鱼雷上设置某种收发器——的情况下，为什么系统只是单向的？

（5）常见错误4：由于使用了一个很不恰当的语句，似乎将专利仅限于"非常简短的传输"。具体为：该系统一个非常重要的特征是，因为只需要抄送相对少和短的信号……非常短的脉冲根本就不会被敌人发现。❶

语句"一个非常重要的特征"（A very important feature）是不恰当的用法，因为它表明，该系统必须限制为"少和……短的信号"（few and…short signals），而这对于发明的保护范围而言是非常严重的限制。是的，或许有人会争论说短语"需要传输"（need be transmitted）只是将简短的传输（Brief Transmissions）作为一个选择（之一），可是现在发明的保护范围就陷入争议了，（笔者的看法是）根本就不应该有这个限制。例如，可以这样说，在该系统的一些实施方式中，只需要使用很少和简短的信号，而在其他实施方式中，信号可以更高频或者持续时间更长。

以上列举的错误示例显然有损专利的价值，但总的来说，该专利的技术和发明已经得到了较好的解释。在笔者看来，对于这一特定的发明而言，该专利的书面描述还是不错的。

---

❶ 美国专利US2292387第4页第1栏第62~69行。

- **权利要求**

1941 年的这些权利要求在形式上和 21 世纪的权利要求截然不同，但不管怎样，在 1941 年是好的权利要求的撰写原则，今天仍然适用。该专利的权利要求违反了专利应该遵守的许多撰写原则，并且犯了专利中几乎所有的内部错误。

该专利只有两个独立权利要求，如表 4-1 所示。笔者增加了一些缩写代号，分别是 T 代表发射站（Transmitting Station），R 代表接收站（Receiving Station），CS 代表控制站（Control Station）和 MC 代表移动飞行器（Movable Craft）。

首先我们注意到这两个独立权利要求都过于冗长和复杂，很难具有（高）价值。有些时候，相对较长的权利要求是合理甚至是必需的，但是该专利中的权利要求 1 和权利要求 4 本可以通过更少的描述和更短的权利要求获得相同的结果（通过将权利要求 1 和权利要求 4 拆分为更短、更简单的权利要求）。

权利要求 1 有 168 个词——太长了。该权利要求包括 3 个特征和 8 个子特征，并且这些子特征都不短也不上位，无法捕捉到侵权者。权利要求 4 有 128 个词，同样太长了。权利要求 4 有 2 个特征，以及 12 个又长又复杂的子特征，几乎不可能有侵权者实施所有这些特征。使用长的、复杂的特征和子特征的长权利要求，很难被侵权。

表 4-1 专利 US2292387 的独立权利要求 1 和独立权利要求 4

1. [Preamble] In a secret communication system, [T] a transmitting station including [T1] means for generating and transmitting carrier waves of a plurality of frequencies, [T2] a first elongated record strip having differently characterized, longitudinally disposed recordings thereon, [T3] record-actuated means selectively responsive to different ones of said recordings for determining the frequency of said carrier waves, [T4] means for moving said strip past said record-actuated means whereby the carrier wave frequency is changed from time to time in accordance with the recordings on said strip, [R] a receiving station including [R1] carrier wave-receiving means having tuning means tunable to said carrier wave frequencies, [R2] a second record strip, [R3] record-actuated means selectively responsive to different recordings on said second record strip for tuning said receiver to said predetermined carrier frequencies, and [R4] means for moving said second strip past its associated record-actuated means in synchronism with said first strip, whereby [T&R] the record-actuated means at the transmitting station and at the receiving station, respectively, are actuated in synchronism to maintain the receiver tuned to the carrier frequency of the transmitter.	4. [Preamble] In a system of the type described, including a control station and a movable craft to be controlled thereby, [CS] apparatus at said control station comprising [CS1] an oscillator and tuning means therefore, [CS2] a first elongated record strip having differently characterized, longitudinally disposed recordings thereon, [CS3] record-actuated means selectively responsive to different ones of said recordings for tuning said oscillator to predetermined frequencies, [CS4] means for moving said record strip past said record-actuated means [CS5] whereby the frequency of oscillation is changed from time to time in accordance with the recordings on said strip, and [CS6] means for selectively transmitting radio signals corresponding in frequency to the said frequency of oscillation; [MC] apparatus on said movable craft comprising [MC1] a radio receiver having tuning means tunable to said predetermined frequencies, [MC2] a second record strip, [MC3] record-actuated means selectively responsive to different recordings on said second strip for tuning said receiver to said predetermined frequencies, [MC4] means for moving said second strip past its associated record-actuated means in synchronism with said first strip whereby the record-actuated means at the control station and on the movable craft, respectively, are actuated in synchronism to maintain said radio receiver tuned to the frequency of oscillation of the transmitter; [MC5] mechanism on said craft for selectively determining its movement, and [MC6] means responsive to radio signals received by said receiver for controlling said mechanism.

权利要求 1 的整个前序部分是 "In a secret communication system"（在一个保密通信系统中）。尽管权利要求 1 总体而言过于复杂，但前序部分在简洁和清晰方面算是不错。形容词 "secret"（保密的，秘密的）有点多余，在当今权利要求中不会见到，不过这个形容词可能不会被法院解释为对权利要求保护范围的限定。❶ 权利要求 4 的前序部分是 "In a system of the type described, including a control station and a movable craft to be controlled thereby"（在所描述类型的系统中，包括一个控制站和一个由此被控制的移动飞行器），这个前序部分太冗长了，短语 "of the type described" 在现代专利中也不会见到。

在每一项权利要求中，前序部分都似乎是权利要求的组成部分。也就是说，每一个权利要求似乎都会犯常见错误 9——错误依赖前序部分。此外，每个独立权利要求似乎都包括两个子权利要求，每个子权利要求都可以是自己的独立权利要求——比原始的独立权利要求更短、更简洁。权利要求 1 似乎包括一个用于发射站的子权利要求和一个用于接收站的子权利要求。除了在前序部分 "secret communication system"（保密通信系统）的语境之下，这两个子权利要求之间并不匹配。类似地，权利要求 4 实际上包括两个独立的子权利要求，一是用于 apparatus at a control station（控制站的设备）；二

---

❶ 法院可能会也可能不会将前序部分的词语和短语用于限制权利要求的保护范围。法院会尽力确定专利权人的（原始）意图。在这个例子中，法院很可能认定，申请人的意图不是将 secret 一词用于限制权利要求，而是用于表明，这里所描述的跳频技术本身就是 "secret"（秘密的），意为难以检测或堵截。因此，形容词 secret 不起限制作用，而仅仅是对于该技术是什么的描述。换句话说，该词并不将权利要求限制为 "secret system"（机密系统），从而排除 "open"（开放的）或 "non-secret systems"（非机密系统），其仅仅是用于表示，使用该技术会形成不易被截获的通信。

是用于 apparatus on a movable craft（移动飞行器上的设备）。除了在前序部分"system of the type described"（所描述类型的系统）的语境之下，这些子权利要求相互并不匹配。

对于每一项独立权利要求，过渡语句 including（包括）简直糟糕透了，犯了常见错误 8——不当使用非标准术语。这并不是 1941 年专利的撰写风格。在权利要求 4 中，每一个子权利要求在描述［CS］（控制站）和［MS］（移动飞行器）时都使用正确的标准术语 comprising（包括）。权利要求 4 中使用 comprising 作为过渡语句表明在该专利所处的年代，这个标准术语就已经广为人知。❶

专利中最常见的错误就是对于关键权利要求术语的解释不当。关于这个错误，该专利是喜忧参半。一方面，有很多元素没有进行解释，它们极可能不需要解释，因为字面意思非常清楚。例如，"transmitting station"（发射站）、"plurality of frequencies"（多频）、"receiving station"（接收站）、"tuning"（调节）、"tunable"（可调节的）以及"synchronism"❷（同步）。

另一方面，其他属于未进行解释，同时也不是那么清楚。例如，"control station"（控制站）似乎和"transmitting station"（发射站）是同一样东西，但是并没有对其进行定义或解释。那么"control station"和"transmitting station"究竟是不是同一样东西呢？如果是，为什么对于同一个概念使用两个关键权利要求术语？类似地，关键权利要求术语 movable craft（移动飞行器）似乎和

---

❶ 使用非标准过渡句，例如 including（包括），总会带来法院将权利要求作狭义解释的风险，即仅包括在权利要求中明确写明的内容，并排除其他可能的补充方式。在现今的信息通信技术专利中，唯一应该使用的过渡语句就是 comprising（包括）。

❷ 术语 synchronism（同步）在今天极可能会使用 synchronization（同步），两者的含义是一样的。

receiving station（接收站）是同义的，由于没有对此进行解释，因此无法对此予以确信。此外，整个专利是关于控制鱼雷方向的，显然，movable craft 包括鱼雷和其他可能对象。总体而言，这些关键权利要求术语的表述不佳，但正如已经指出的，有一些术语却是非常清楚的。

对于常见错误 2——扩展不充分，该专利做得比较好，同时包括海上和空中控制，但为什么没有包括陆基控制呢？并且，在所有的实施方式中，系统似乎都是单向的，即从控制器到鱼雷。为什么排除双向系统？在专利中有一些非常不错的扩展，包括多个发射器、多个舵等。总体上，该专利在常见错误 2 上也是喜忧参半。

常见错误 3——并行瑕疵在这个专利中也比较突出，但是以一种比较独特的形式。在独立权利要求 1 和独立权利要求 4 之间没有明确的并行，但在每个独立权利要求内部存在并行。权利要求 1 中发射器的 4 个元素与权利要求 1 中接收器的 4 个元素并行，但是在这两个子权利要求之间使用的语句却在持续切换。作为一个示例，权利要求 1 中的接收器使用词语 "tuning" 4 次（包括 R1 中的 tuning means 和 tunable 以及 R3 中的 tuning），但这个词语在权利要求 1 的发射器中完全没有出现。而对于权利要求 4，撰写者似乎故意要对 control station apparatus（控制站设备）和 movable craft apparatus（移动飞行器设备）进行并行处理，但是使用的语句中有很多变换，导致并行根本就没有实现。

在这项专利中基本没有权利要求组合，所有的权利要求都是针对产品的——发射站和接收站，或者是针对部件的——控制站设备和移动飞行器设备。尽管在权利要求 1 和权利要求 4 的前序部分提到了"system"（系统），该专利也没有系统权利要求。鉴于核心是控制鱼雷的方向，这项专利完全没有方法权利要求令人感到惊讶。简而言之，常见错误6——缺少权利要求组合——随处可见。❶

常见错误7——在一项权利要求内元素组合不当，也存在于该专利中。这项错误的实质在于把服务器侧元素和客户端侧元素都包括在同一项权利要求中，而该专利的权利要求1正是犯了这样的错误（服务器侧"发射站"和客户端侧"接收站"）。权利要求4也犯了同样的错误（服务器侧"控制站设备"和客户端侧"移动飞行器设备"）。在当前这个特定案例中，也许这种拆分可能并不重要，因为整个系统——控制器和鱼雷——都是由一个主体来操作的。但是，很容易想象这样的情形，就是"控制器的操作"和"被控制的'移

---

❶ （在该专利中）对于看上去是"控制鱼雷的系统"的内容没有任何相应的"系统权利要求"，这一点的确令人感到惊讶。不过，只有以今天的角度看，（该专利）没有"方法权利要求"是令人惊讶的，但在该专利申请和授权所在的20世纪40年代，也应该可以想到要有方法权利要求。最初的专利法律载于1790年的美国专利法（U.S. Patent Act of 1790）中，其列明可专利的客体包括：任何有用的艺术品、制造、引擎、机器或设备，或对其的任何改进（any useful art, manufacture, engine, machine, or device, or any improvement therein…）（见1790年美国专利法第1节）。尽管法律随后发生了变化，但1952年美国专利法（U.S. Patent Act of 1952）增加了可专利客体种类"process"（工艺），当时，art作为一类可专利客体，被process替代（见美国法典第35章第101条）。在1952年的该变化之前，专利包括产品权利要求、系统权利要求和用于制造物品方法的权利要求，但不包括常规工艺或任何可能被视为"商业方法"的对象。因此，在美国专利US2292387或者任何其他专利中，我们可以在20世纪40年代的专利中见到"a method for manufacturing a system to control torpedoes"（一种制造用于控制鱼雷系统的方法）这样的权利要求，但可能看不到"a method for controlling the direction of a torpedo"（一种用于控制鱼雷方向的方法）这样的权利要求。以现代的观点看，该专利中没有任何方法权利要求，降低了权利要求组合的功用，从这个意义上讲，这可能视为一个错误，可该专利在1941年被撰写时，这显然不能算是错误，因为这样的方法权利要求在当时根本不可能提交或获得授权。

动飞行器'的操作"是分开的。❶ 总体上，该专利中显然存在常见错误7，而这是非常糟糕的做法。专利撰写者为什么要选择这种方式来撰写权利要求，而不是将权利要求1拆分为两个权利要求（发射器和接收器），同时把权利要求4也拆分为两个权利要求（控制站和移动飞行器）。现在来看，笔者无法知晓。

该专利中似乎没有使用权利要求差异化，因此不存在这个错误。从专利本身看，没有发现会破坏专利价值的明显外部因素。总的来说，这项专利的权利要求写得很差，使得专利的保护力度很弱。

● 小　结

这项专利本可以成为一件"攻坚"专利，但是由于权利要求中存在的错误，它没能成为"攻坚"专利。

这项专利由漂亮的电影明星海蒂·拉玛和好莱坞作曲家乔治·安塞尔撰写。专利的书面描述部分以1941年那个时期的标准甚至以今天的标准看也是不错的。这项技术在20世纪60年代被美国海军使用，也是当今一些最先进的移动通信技术的基础之一。

遗憾的是，虽然这项专利的技术非常强大，但专利的权利要求几乎犯了专利撰写中所有的常见错误。结果就是该专利整体很弱，无法为这项在当时来讲非常杰出的发明提供充分的保护。

---

❶ 这种情形之下，如果把服务器侧操作和客户端侧操作都限定在同一项权利要求中，就会留下隐患；假如服务器侧操作和客户端侧操作由不同的主体进行，则会大大增加捕捉侵权者的难度。——译者注

2. Monopoly® 专利是否真的能够获得垄断?[1]

• 简 介

所有类型的游戏都是可专利的,棋盘游戏尤是如此。Monopoly®(大富翁)这个游戏可能是国际象棋和西洋跳棋之外所有游戏中最受欢迎的纸牌游戏,而且它还有一项专利。事实上,Monopoly® 这款游戏涉及三项专利,那么为何同一款棋盘游戏会有三项不同的专利呢?

第一项专利于 1903 年提交申请并于 1904 年获得授权,授予的专利权人是莉齐·J. 马吉(Lizzie J. Magie)(美国)。据称她是一位坚定的"单一土地税"信仰者。"单一土地税"是一套通过基于未改良土地价值征收单一税,以资助政府所有行为的系统。这套系统由大卫·李嘉图(David Ricardo)(英国)、约翰·斯图尔特·米尔(John Stuart Mill)(英国)和亨利·乔治(Henry George)(美国)于 19 世纪提出并且在其鼎盛时期深受欢迎。为了展示该系统,尤其是为了展示土地私有化的弊端,莉齐·J. 马吉发明了这项游戏并称为"大地主的游戏"(The Landlord's Game),而且

---

[1] 原文"Does a Patent Give a Monopoly on Monopoly® ?"中 Monopoly 有双关的含义,一个含义是其作为纸牌游戏的名字(中文名通常译为"大富翁"),另一个含义是英文单词 monopoly 的通常含义为"垄断",这和专利"排他性"的垄断特性是一致的。因此,原文想要表达的意思正是"一项名为'垄断'且获得专利的游戏是否能够真正获得专利的垄断"。——译者注

获得了专利（美国专利号 US748626）。该专利的首页载有纸牌的图像，如图 4-2 所示。❶

莉齐·J. 马吉的第一项专利于 1921 年过期了，然后她在 1923 年又提交了一项新的专利申请，并且在 1924 年获得了授权。授权专利号是 US1509312，第二项专利也覆盖"大地主的游戏"的内容，并且这次包括许多地方的具体街区名称，包括纽约市（百老汇大道和包厘街）和芝加哥市（湖滨大道和卢普区）。这套纸牌还包括一些笔者觉得比较幽默的名字（例如 Easy Street、I. B. Sharpe Real Estate 和 Hell's Half Acre 等）。图 4-3 显示的该项专利首页载有表示该专利内容的图像。❷

到了 1935 年，查尔斯·B. 达罗（Charles B. Darrow）申请一项专利并获得授权，该专利和我们今天所知的 Monopoly® 游戏一模一样，其专利号为 US2026082，图 4-4 显示的是，这款纸牌图像的专利首页。❸

---

❶ 美国专利 US748626 的首页可以通过美国专利商标局的数据库查询，网址：http：//pdfpiw. uspto. gov/. piw？Docid = 748626&idkey = NONE&homeurl = http％3A％252F％252Fpatft. uspto. gov％252Fnetahtml％252FPTO％252Fpatimg. htm，或者通过互联网免费检索专利数据平台 freepatentsonline. com，网址：http：//www. freepatentsonline. com/0748626. pdf.

❷ 美国专利 US1509312 的首页网址：http：//pdfpiw. uspto. gov/. piw？Docid = 1509312&idkey = NONE&homeurl = http％3A％252F％252Fpatft. uspto. gov％252Fnetahtml％252FPTO％252Fpatimg. htm，或者 http：//www. freepatentsonline. com/1509312. pdf.

❸ 美国专利 US2026082 的首页网址：http：//pdfpiw. uspto. gov/. piw？Docid = 2026082&idkey = NONE&homeurl = http％3A％252F％252Fpatft. uspto. gov％252Fnetahtml％252FPTO％252Fpatimg. htm，或者 http：//www. freepatentsonline. com/2026082. pdf.

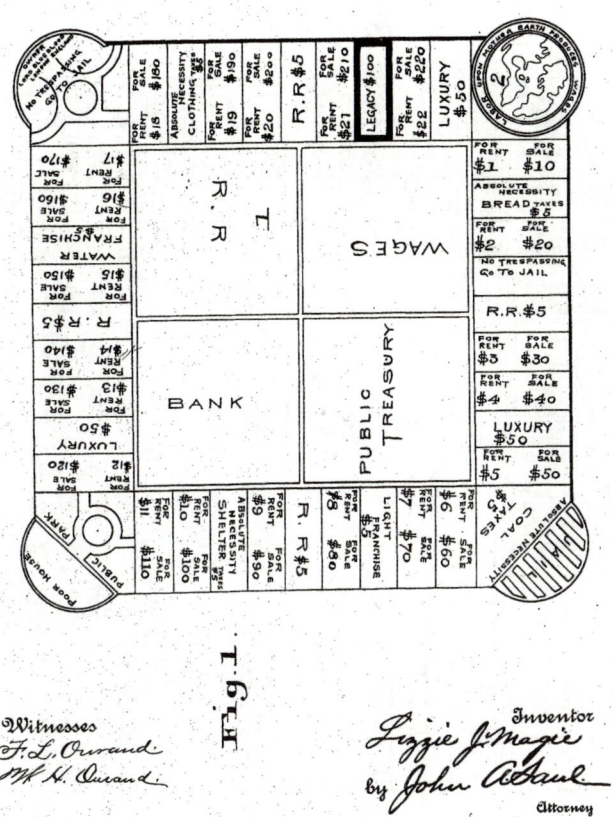

图 4-2 专利 US748626 的首页

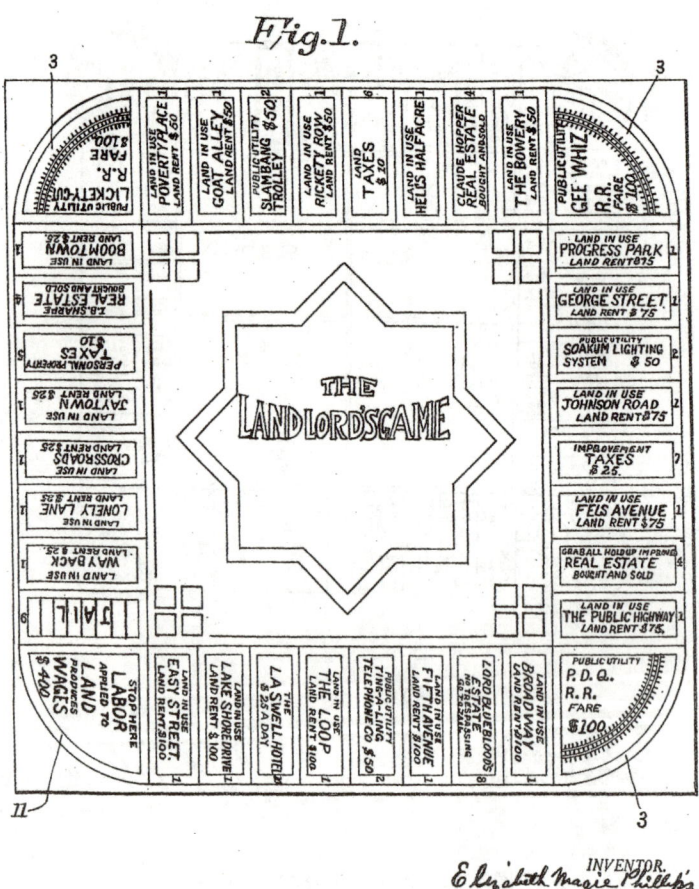

图 4-3 专利 US1509312 的首页

图 4-4 专利 US2026082 的首页

IP 攻坚专利

- **这三项专利的书面描述**

看一下这三项专利的首页，在这三个案例中，基本构思（都）是一项与不动产兼并有关的棋盘游戏。它们之间有一些共通的地方，例如矩形的版面布局以及特定游戏方块的表现形式（监狱、停车场、铁路和公共物业）。不过，这三项专利之间也存在显著的不同之处，尤其是那项被莉齐·J.马吉称为"大地主的游戏"的棋盘游戏专利和Monopoly®游戏的专利相比。每项专利的首页之后都是书面描述部分。下面我们将重点讨论这三项专利的书面描述部分以及与之相应的附图涉及的三个问题。

- **从这三项专利提出的三个问题**

（1）尽管这三项专利并不相同，莉齐·马吉的专利权利要求是否足够宽，从而可以覆盖到Monopoly®这款游戏。换句话说，是不是所有在20世纪20年代以及30年代玩Monopoly®游戏的人都侵犯了莉齐·J.马吉的专利？

（2）不论是否存在侵权，按照"预期"的原则，莉齐·J.马吉的专利是否会影响查尔斯·B.达罗的专利并导致其无法授权？换言之，我们是否可以这样说，即在莉齐·J.马吉获得其专利授权之后，Monopoly®就不是新的了，查尔斯·B.达罗并没有"发明"Monopoly®，因此不该给查尔斯·B.达罗或者其他人授予Monopoly®（大富翁）游戏的专利。

（3）在回答上述问题的基础上，我们还将单独分析查尔斯·B.

第四章 攻坚专利案例

达罗的专利 US2026082，看看该专利是否算得上一项"攻坚"专利？

- **专利概述**

显然，大地主游戏和 Monopoly® 不是同一个事情，但是两者在许多方面是相似的。上面提到的前两个问题是相互关联的，即莉齐·J. 马吉的（两项）专利对 Monopoly® 的影响。第一个问题是：莉齐·J. 马吉的（两项）专利权利要求保护范围是否足够宽以至于任何一个玩 Monopoly® 的人都侵犯了莉齐·J. 马吉的专利权？第二个问题则是：不论莉齐·J. 马吉的专利权利要求保护范围是否宽泛，莉齐·J. 马吉的专利书面描述是否足够详尽，都不应该给查尔斯·B. 达罗授权专利？为了回答这些问题，我们必须把这三件专利进行比较。我们直接比较三件专利的（独立）权利要求1，如表4-2所示。

20世纪上半叶的权利要求风格和当今权利要求的风格完全不同，在对比表中，笔者将权利要求拆分为由［a］、［b］、［c］等表示的元素，以便于可以进行直接的对比（其中对结构元素进行加粗，以便于识别）。

表4-2　三项 Monopoly® 专利的权利要求1对比

元素	US 748626	US 1509312	US 2026082
发明人	Lizzie J. Magie	Elizabeth Magie Phillips	Charles B. Darrow
前序部分	A game-board	A game-board	In a board game apparatus,
过渡语句	Having	provided with	a board acting as a playing-field having
权利要求要素	[a] **corner spaces**, one constituting the starting-point	[a] **corner spaces**	

续表

元素	US 748626	US 1509312	US 2026082
权利要求要素	[b] a series of **intervening spaces** indicating different denominations	[b] **intervening spaces** of spaces of different denominations and values	[a] **marked spaces** constituting a path or course extending about the board, said path **affording a continuous track** for the purpose of continuity of play
权利要求要素	[c] some of the spaces of the different series corresponding, and distinguished **by coloring or other marking**, so that the corresponding divisions on the four spaces may be readily recognized	[c] some of the spaces of the different series corresponding, and distinguished by **coloring or other marking**, so that the corresponding divisions on the four spaces may be readily recognized	[b] certain of said spaces being **designated by position or color so as to constitute a distinguishable group**, there being a plurality of such groups each differing from the others and each having its spaces adjacent on the same side of the board
权利要求要素		[d] a series of **cards** of changeable value, two or more of which are alike and which relate to two or more certain spaces on the board	[c] the apparatus having **indications of the rental required** for the use and occupancy, by opponent players, of spaces of one or more such groups
权利要求要素		[e] a series of **movable pieces** to be used in conjunction with the spaces on the board	[d] whic **hrentals are subject to increase by the acquisition of an additional space** or spaces of the same group by the same individual player, thereby making it possible for the possessor to exact greater payments or penalties from any opponent resting or trespassing thereon
权利要求要素		[f] and controlled by **dice**, so as to determine the play	

第四章 攻坚专利案例

- **总体评论**

莉齐·J. 马吉的专利 US748626 和 US1509312 非常相似，特别是在基本的权利要求要素中。第二项专利（US1509312）是第一项专利（US748626）的改进，具有更多（权利要求）要素，因此比第一项专利的保护范围更窄。莉齐·J. 马吉的两项专利都集中在游戏棋盘上。相比之下，查尔斯·B. 达罗的专利 US2026082 则聚焦于一种"棋盘游戏装置"（Board Game Apparatus），其包括两个要素——游戏棋盘本身以及各种游戏空间的租赁要求。Monopoly® 的玩家一定记得游戏棋盘本身并不包括租赁要求——这些（租赁要求）只出现在与物业相关的游戏牌中。在这个意义上，查尔斯·B. 达罗的专利的确是"一种设备"或"系统"，其中不只包括棋盘。

问题 1：Monopoly® 是否侵犯了 US748626 和 US1509312 专利？

专利 US748626：这项专利犯了专利撰写中的 4 项常见错误，并且对这项专利的保护范围和实用性造成限制。这些问题对所有的权利要求 1~4 都有影响，不过作为例子，我们主要讨论权利要求 1。

第一，常见错误 1——关键权利要求术语不清楚。"different denominations"（不同的指定）是什么含义？它和"different series"（不同系列）的含义是相同的还是不同的？它们两个中的任何一个是否与"corresponding divisions"（相应的区域）"同等含义？"denomination"（指定）、"series"（系列），或"division"（区域）中的任何一个术语都没有在专利中进行解释。事实上，"denomination"（指定）一词在所有权利要求中都有出现，但在权利要求之外的任何地方都没有出现并且没有进行定义或以其他方式解释。"series"（系列）一词也出现在每一项权利要求中，但在书面描述中只出现一次（"series of spaces upon the board are colored to distinguish them"，棋盘上的系列空间被涂色，以便于区分它们）。❶ 词汇"corresponding divisions"（相应的区域）出现在权利要求1和权利要求4中，而在权利要求2中出现的是"different divisions"（不同的区域），在权利要求3中出现的是"four divisions"（4个区域）。"division"（区域）一词在权利要求之外从未出现，虽然在书面描述中有记载"…a board which is divided into a number of spaces or sections and four (4) spaces in the center…"（棋盘区分为许多空间或区域以及中间的4个空间）。坦率地说，没人能理解这些术语的确切含义——法院可能会按照专利权人的意愿来解释这些术语，但也很可能不会。由于未能在专利中对关键权利要求术语进行定义或以其他方式进行解释，才出现当前这种非常糟糕的术语表达。

第二，常见错误2——未充分扩展，即未记载本来应该呈现并请求保护的不同实施方式。由于权利要求中使用了限制性极强的用语，这项错误非常明显。在权利要求1中，有多个类型的"spaces"（空间），包括"corner-spaces"（角落空间）、"intervening spaces"（交替空间）和"the four spaces"（4个空间）。专利中唯一一处关于"four spaces"（4个空间）的描述是"the four (4) spaces in the center indicating, respectively, 'Bank,' 'Wages,' 'Public Treasury,' and 'Railroad.'"❷（中部的4个空间分别是"银行""薪资所""公共财政部"和"铁路"）。这似乎是（创作者的）意图，用于对游戏棋盘的描述是准确的，但作为权利要求的要素却是极具限制性

---

❶ 美国专利US748626书面描述第2页第1栏第69~70行。
❷ 美国专利US748626书面描述第1页第1栏第29~32行。

的。如其显示的，Monopoly® 不包括这 4 个空间（the four spaces），因此 Monopoly® 并不侵犯专利 US748626 的权利要求 1。正是"four spaces"这一糟糕的限定，破坏了所有权利要求的保护范围。权利要求 4 由于引入更多的附加权利要求要素，被进一步限定。这些附加权利要求要素包括"charters"（其在专利中没有任何解释）、"legacies"和"luxuries"（这两者也都没有在 Monopoly® 中出现，并且两者都是极易规避的）。简而言之，专利 US748626 所有权利要求的保护范围都非常窄，看上去并没有任何一项权利要求被 Monopoly® 侵犯。

第三，常见错误 6——缺少权利要求组合。专利 US748626 中不存在任何权利要求组合。所有的权利要求都是"a game-board"（一种游戏棋盘）。考虑到这项游戏的本质就是"如何玩游戏"，出现"缺少权利要求组合"的问题多少令人困惑。一般都会认为在这件专利中应该有方法权利要求，但事实上没有。❶任何希望避免侵权的人只需要避免掉权利要求中记载非常详细的结构中的一点点就可以，这并不是什么难事。

第四，查见错误 8——不当使用非标准术语。在这项专利的 4 项权利要求中，有两项使用了过渡语句"having"，有两项使用的过渡语句是"provided with"。这两个（过渡语句）都不是标准的（过渡语句）。此外，为什么要使用两个不同的过渡语句呢？差异又何在？假如这项专利走上法庭，被告会有很多机会把权利要求解释得极为狭窄，从而规避责任。

---

❶ 参见第 95 页的脚注①，在 20 世纪初，一项用于玩游戏的方法专利是不可能提交的，美国专利商标局也不会给这样的权利要求授权。因此，关于这样的方法权利要求的"困惑"，只对于现代评审者才存在。用现在的眼光看，没有方法权利要求是这个专利的薄弱之处，但对于（当时）该专利的撰写人员而言，没有方法权利要求当然不是一个错误。

在这项专利中显然没有其他内部错误，也未显见破坏专利价值的外部事件。

专利 US1509312：这项专利有 5 项权利要求，并且存在和莉齐·J. 马吉前一项专利权利要求一模一样的问题。

相同的关键权利要求术语未作定义或不清楚。

权利要求中增加了更多的要素并对专利的保护范围构成严重的限制，几乎排除了所有的侵权行为。例如，在权利要求 2~5 中有一个要素"chance cube"（机会立方体），可以改变骰子的结果，但 Monopoly® 并没有这个要素，并且这可以很容易地被模仿制造商省略以避免侵权，模仿者可以生产一款相同的游戏，唯独不包括"chance cube"。再如，权利要求 3 包括要素"franchises"（特许经营），权利要求 4 包括要素"foreign ownership of American soil"（美国土地的外国所有权），权利要求 5 包括要素"no trespassing signs"（"不得进入"标识）。这些要素在 Monopoly® 中都不存在，并且都可以被模仿者省略掉，从而避免侵权。

其次，所有的权利要求都关于"一种游戏棋盘"，未见任何权利要求组合。

最后，所有权利要求中的过渡语句都是"provided with"。

莉齐·J. 马吉发明了"大地主的游戏"，对此我们要给予高度评价。她就此获得的两项专利看上去覆盖了她所发明的"大地主的游戏"，但其保护范围不够宽，从而无法覆盖 Monopoly® 和其他与"大地主的游戏"直接竞争的游戏。❶ Monopoly® 的玩家未侵犯莉

---

❶ 这个结论并不取决于 1904 年、1924 年或者 2014 年完成事情的方法，莉齐·J. 马吉两项专利的核心问题在于关键权利要求术语看上去是未定义的、不清楚的以及非常狭义的。这个问题与时间无关，也和过去这 100 年来专利撰写方式发生了变化无关。（莉齐·J. 马吉的两项专利的）权利要求也许能覆盖"大地主的游戏"，但无法覆盖其他东西。

第四章 攻坚专利案例

齐·J. 马吉这两项专利中的任何一个。

问题 2：莉齐·J. 马吉的专利是否会使查尔斯·B. 达罗的专利"不是新的"而无法获得授权？

查尔斯·B. 达罗的专利（US2026082）有 9 项权利要求，这些权利要求的结构有点儿不寻常。20 世纪上半叶，美国专利的权利要求大多是独立权利要求的形式，即在许多早期专利中，所有的权利要求都是用独立权利要求的方式撰写的，例如，本书讨论的这三项专利的权利要求都是独立权利要求。不过，通过复制特定权利要求中的特定要素，我们能够分辨哪些权利要求是专利权人认为是独立权利要求，哪些是从属权利要求，因为它们的保护范围更窄。在该专利中，真正的独立权利要求是权利要求 1、权利要求 6、权利要求 7、权利要求 8 和权利要求 9，形成的权利要求集合分别是权利要求 1-2-3 集合（独立权利要求 1、从属于权利要求 1 的权利要求 2、从属于权利要求 2 的权利要求 3）和权利要求 6-5-4 集合（独立权利要求 6、从属于权利要求 6 的保护范围更窄的权利要求 5，以及从属于权利要求 5 的保护范围更窄的权利要求 4），权利要求 7、权利要求 8、权利要求 9 也似乎都是独立权利要求。假如这些权利要求用 21 世纪的风格撰写，它们的顺序大概会首先是权利要求集合 1-2-3，然后是权利要求集合 6-5-4，最后是独立权利要求 7、权利要求 8 和权利要求 9。

那些独立权利要求写很好，因为它们清楚描述了 Monopoly® 的本质，并且防止了竞争对手制造仿品。❶ 权利要求不是保护一种"棋盘"而是一种"设备"，后者被解释为一种棋盘附加一件或多件其

---

❶ 某种形式的盗版肯定是无法阻止的。不过在不侵犯这项专利的前提下，Monopoly® 的核心特征无法在竞争产品中出现，从这个意义上说，美国专利 US2026082 是一项好专利。

他东西。例如，权利要求1包括4个要素，但这些要素展现的是两种不同的构思。第一种构思由要素［a］和要素［b］展示，即沿着外部边缘有连续空间的棋盘，其中，一些相互邻近的空间通过颜色进行分组。这个要素中唯一不当的限定是"adjacent on the same side of the board"（在棋盘的同一侧邻近）这一语句。这正是Monopoly®中"物业组"（Property Groups）的呈现方式，但是模仿者可以通过变换物业组使它们出现在棋盘的至少两侧，从而实现规避。❶ 这个要素与莉齐·J. 马吉的（两项）专利中呈现的构思非常相似——莉齐·J. 马吉的棋盘和Monopoly®中的棋盘形状一样，也具有连续的空间并且空间涂有颜色。不确定的是，莉齐·J. 马吉的专利中是否包括"通过颜色分组的"空间，尽管空间是否通过颜色分组是可以争论的，但除此之外，似乎莉齐·J. 马吉的专利描述了查尔斯·B. 达罗专利中的要素［a］和要素［b］。

专利US2026082中的第二个构思由要素［c］和要素［d］展示，即基于物业所有权而变化的"租赁标识"（Indications of Rentals）。Monopoly®就是按照这个方式运行的——物业卡上显示有"租赁标识"，这些租赁标识基于一组物业的所有权而改变。例如，权利要求6（未在此示出）包括一个棋盘（没有'on the same side of the board'这个不当的限定）、骰子或类似物、一组微型建筑物以及"构成游戏棋子的代币或符号"（tokens or symbols…constituting the

---

❶ 通过设计游戏棋盘，任一颜色的物业都出现在棋盘的两侧或更多侧，模仿者就可以避免美国专利US2026082的这项权利要求技术特征。相反，专利权人仍然可以根据等同侵权原则（Doctrine of Equivalents）为由争辩要求对方承担责任。但在该案中是使用这个理由比较难，因为权利要求1中明确指出（对应于）一种颜色的所有物业"在棋盘的同一侧邻近"（关于"等同侵权原则"，请参阅词汇表）。

playing pieces）。这些要素明确界定了 Monopoly® 的全部内容。语句"dice or the like"是非常好的专利撰写方式，因为这个要素在书面描述中是这样定义的：任何合适的机会确定要素或手段，类似于附图 5 中 61 所示的两个骰子，[或] 任何合适的机会确定要素，例如，枢轴都可以安装旋转的箭头或指针……❶

很难想象这个要素能够如何更好地解释。解释关键权利要求术语的三个方式都使用了，即附图中的要素辅以解释、定义、特定的例子（骰子、箭头和指针）。此外，在莉齐·J. 马吉的专利中，没有任何东西和专利 US2026082 中的要素 [c] 与要素 [d] 展现的构思相匹配。虽然大地主的游戏中列举了针对每个物业的不同租金，但 Monopoly® 的关键点在于通过不同的颜色把特定物业分组，并且为了获得整个颜色组物业的垄断而需要不同的租金，而这在大地主的游戏中并没有。

专利 US2026082 的其他权利要求呈现了未在莉齐·J. 马吉的（两项）专利中出现的构思，包括查尔斯·B. 达罗先生专利的权利要求 2 中的机会卡（Chance Cards）以及权利要求 3 中的房屋和旅馆。专利 US2026082 的权利要求并未被专利 US748626 和 US1509312 的书面描述揭示，因此不会受到阻碍。

问题 3：专利 US2026082 是不是好专利？

那么专利 US2026082 是不是一项"攻坚"专利呢？所有专利的评估都是按照笔者称为 VSD 的方法进行的，即评估权利要求的有效

---

❶ 美国专利 US2026082 书面描述第 3 页第 2 栏第 32～37 行。

性、权利要求的保护范围、侵权可发现性。❶ 如前所分析的，权利要求的保护范围非常不错，而关于发现侵权也没有问题，因为只要拿到一款侵权产品，任何人都可以很容易地观察出来。在保护范围和侵权可发现性这两方面，专利US2026082是一项非常好的专利。不过，关于权利要求的有效性，存在一个严重的问题，下面进行解释。

从内部视角看，权利要求看上去是有效的。莉齐·J. 马吉拥有的（两项）更早专利并没有包括查尔斯·B. 达罗专利中的所有要素，因此，查尔斯·B. 达罗的权利要求应该具备新颖性。当然也可以争论说，基于莉齐·J. 马吉的权利要求，查尔斯·J. 达罗的权利要求是"显而易见的"，因此，专利US2026082的权利要求不应该被授权。但是美国专利商标局的工作是查看在先专利，不太可能错过关于棋盘游戏的早期专利。此外，按照美国法典第35章第282条的规定，每一件授权专利的每项权利要求都是假定有效的，因此证明"无效性"必须有"清楚和令人信服的证据"，这是非常高的举证标准。因此，从表面上看，查尔斯·B. 达罗的专利（US2026082）的权利要求似乎是有效的。

此外，专利US2026082似乎也没有犯"关键权利要求术语不清楚"这一最常见的专利（撰写）错误。这一点对专利的质量贡献很大，也是对专利价值的主要贡献。

---

❶ 笔者这么说的意思是，任何专利的评估——不存在例外——包括且仅包括这三项指标。（被评估专利的）权利要求是否有效？权利要求的保护范围是否很好？侵权行为是否能够发现？有时候，一个问题没有呈现，仅仅是因为它被假定成立了，例如，评估人员可能假定权利要求是有效的，或者假定侵权能够（被）发现，但是，这样的假定并不能改变（实际上）已经作出某种评估这一事实。许多评估系统将这三项指标拆分为多个下级指标，因此我们可以看到采用多得多指标的评估（报告）。不同的指标可以给予不同的权重，因此可能有许多评估系统和评估方法的变型。在笔者专著TPV的第2章和第7章中对此有详细解释。

第四章 攻坚专利案例

但是，这项专利的确存在其他内部错误。

首先是常见错误 2——未充分扩展。这项专利（的保护范围）极其狭窄，仅仅聚焦于 Monopoly® 的游戏后来广为人知的样子。Monopoly® 本身肯定是被覆盖保护的，但可能没有覆盖其他游戏或变型。

其次，所有的权利要求都与"一种棋盘游戏设备"有关，为什么没有关于玩 Monopoly® 游戏的方法权利要求呢？这就是常见错误 6——缺乏权利要求组合。❶

最后，使用非标准术语，这是常见错误 8。在 9 项权利要求中，有 6 项使用非标准过渡语句"including"，有 3 项（权利要求 1、权利要求 2、权利要求 3）缺少过渡语句，其中只有前序部分"In a game board apparatus"，然后自行假定有"including""having"，甚或"comprising"之类的词语。这三项内部错误降低了专利的质量，不过这些错误对于权利要求而言并不是致命的。总体上来讲，专利 US2026082 似乎是一项好专利。

不过，主要的问题不在于专利的内部，而是外部。这一主要问题就是笔者所说的常见错误 10——破坏专利价值的外部事件。❷ 在该案例中，问题是"究竟是谁发明了 Monopoly®"，是查尔斯·B.达罗吗？如果是，那么他是唯一的发明人吗？根据美国法典第 35 章第 101 条，"任何人发明……都可以就此获得专利"。如果查尔斯·B.达罗根本就不是发明人，则该专利就违反了美国法典第 35 章第 101 条，那么就不应该被授权。此外，法律规定，发明人必须宣誓他是

---

❶ 参见第 95 页的脚注①和第 108 页的脚注①。
❷ 这个概念将在本书词汇表中进行定义，以及在笔者专著 TPV 的第 5 章有详细讨论。

真正的或联合发明人，相应的法律依据是美国法典第 35 章第 115 条和第 116 条。如果查尔斯·B. 达罗知道他不是发明人，或者他知道还有其他发明人但他没有列入该专利，那么他的宣誓就是不诚实的，则专利是无效的。

那么，是谁发明了 Monopoly® 呢？一些人认为莉齐·J. 马吉才是真正的发明人。❶ 虽然这有可能，但是以她的两项专利作为证据，很难得出这个结论。大地主的游戏的确包括一个关于不动产垄断的四边形棋盘游戏，但 Monopoly® 游戏和专利 US2026082 中非常多的特定要素都没有在莉齐·J. 马吉的两项专利中披露或者隐含公开。在常规意义上，也许可以说莉齐·J. 马吉"发明"了"垄断类型"游戏的通用构思，但没有足够证据表明她发明了 Monopoly® 这款游戏。❷

---

❶ 例如，参见 David W. Brown, "Reobituaries: Elizabeth 'Lizzie' Magie, Inventor of Monopoly"; Mental Floss, (February 6, 2013); "Charles Darrow", Wikipedia; Mary Pilon, "Monopoly Goes Corporate", New York Times Sunday Review, (August 24, 2013)。这些文章都说莉齐·J. 马吉是唯一的发明人，这可能是真的，不过这只能是以普通人作常规意义上的理解，即莉齐·J. 马吉创造了这个基本构思。但是莉齐·马吉的专利并不能阻止（没有"预期"）查尔斯·B. 达罗专利的权利要求。莉齐·J. 马吉可能是该游戏的发明者之一，但几乎可以肯定她不是唯一的发明人。的确有其他信息表明莉齐·J. 马吉是这款游戏的多个发明人之一。例如维基百科中的"Monopoly（game）"条目（网址：https://en.wikipedia.org/wiki/Monopoly_(game)）认为莉齐·J. 马吉和查尔斯·B. 达罗是这款游戏的两名"设计者"。（虽然）所有这些说法都很有意思，但（从专利的角度看）并不具有实际意义。假如查尔斯·B. 达罗不是 Monopoly® 游戏的唯一发明人，并且他对此非常清楚，那么他对美国专利商标局就存在欺诈行为，那么他的专利也不应该获得授权。该欺诈行为一旦被发现，这项专利就会变得无法主张。

❷ 在专利领域，如果有人对专利的一项或多项权利要求作出贡献，那么这个人就是"发明人"，例如，参见 CAFC 的判决：*Ethicon, Inc. v. United States Surgical Corp.*, 135 F. 3d 1456, (Fed. Cir. 1998)（具体见页面标记第 1460 页面）。只有当某个人是一项专利所有权利要求的唯一贡献者时，他/她才是"唯一发明人"。（"发明人"的）这个定义和"发明人"一词的普通理解非常不同。

不过，还有人认为查尔斯·B.达罗从其他人那里获得了整个游戏。❶ 如果这个说法成立，那么查尔斯·B.达罗就根本不是发明人，或者最多他是多位发明人中的一位，而他没有把其他发明人列入该专利，那么其关于所有权的不诚实宣誓就会构成对美国专利商标局的欺诈。在这种情况下，专利 US2026082 就是不可主张的。这一结果的实质就是关于 Monopoly® 这款游戏没有有效专利。

下面我们用一个对比表来概括上述（关于专利 US2026082 的讨论）内容，如表 4-3 所示。

表 4-3 查尔斯·B.达罗的 Monopoly® 专利 US2026082 小结

	内部影响因素	外部影响因素
权利要求有效性	是	否（显然的）
权利要求保护范围	是	不相关
侵权可发现性	是	不相关

查尔斯·B.达罗可能不是 Monopoly® 的发明人，或者如果他

---

❶ 显然，路易斯·图恩（Louis Thun）——1932 年一款名为"The Fascinating Game of Finance"（迷人的金融游戏）的联合发明人之一，曾经告诉帕克兄弟公司（Parker Brothers）的董事长，自己从 1925 年开始就一直在玩"垄断游戏"（Monopoly Game），其形式就是后来查尔斯·B.达罗采用的形式。因此，当查尔斯·B.达罗的专利申请在 1935 年提交时，他不可能是该游戏的发明人（参见：Mary Bellis，"Monopoly, Monopoly, Part I: The History of the Monopoly Board Game and Charles Darrow"，About.com，(February 22, 2012)；网址：https://www.thoughtco.com/monopoly-monopoly-charles-darrow-4079786；inventors.about.com 网站已经更名为 www.thoughtco.com，关于 About.com 变化的详细信息可参见 https://www.dotdash.com/dash-terms 和 https://en.wikipedia.org/wiki/Dotdash）。按照拉尔夫·安斯波（Ralph Anspach）——一名已退休的经济学教授和游戏"Anti-Monopoly"（反垄断）创作者——的说法，Monopoly® 游戏的发明人是发明该游戏的基本构思的莉齐·J.马吉以及一群在新泽西州大西洋城的贵格会教徒，他们增加了在后来被查尔斯·B.达罗采用的特定功能（参见：维基百科 https://en.wikipedia.org/wiki/Anti-Monopoly）。此外，维基百科的"Charles Darrow"条目（参见 https://en.wikipedia.org/wiki/Charles_Darrow）中说道，查尔斯·托德（Charles Todd）教给了查尔斯·B.达罗与其随后申请专利的游戏"几乎一样"的游戏版本。总之，(关于查尔斯·B.达罗不是发明人的说法）有很多版本，尽管这些说法的真实性尚不确定。"

是，也很可能只是多个发明人之一。如果是这样，那么他就不是这款游戏的唯一发明人。如果他对此知晓，并且有意对美国专利商标局隐瞒这一信息，那么这就构成"破坏专利价值的外部事件"，结果就是专利 US2026082 的所有权利要求将由于其对美国专利商标局的欺诈而是不可主张的。

• 小　结

前面提出的三个问题的答案：

问题 1 答案：否。Monopoly® 游戏的玩家不会侵犯莉齐·J. 马吉的（两项）专利（中的任何一项）。

问题 2 答案：否。莉齐·J. 马吉的（两项）专利没有对查尔斯·B. 达罗的专利给出教导（或者说，不影响查尔斯·B. 达罗专利的新颖性）。

问题 3 答案：从覆盖 Monopoly® 和侵权可发现性看，专利 US2026082 似乎是一项优秀专利，因此专利 US2026082 的确应该可以为 Monopoly® 带来垄断保护。

不过，这还不是故事的结尾。根据对专利 US2026082 的 VSD 分析，这项专利在保护范围和侵权可发现性方面得分非常高，但这项专利可能会由于没有一项专利有效而变得一文不值，造成这一结果的原因似乎是有意作出关于发明人的错误声明。这是一个"外部事件破坏专利价值"的例子。

Monopoly® 专利于 1952 年过期失效了，时间已经过去半个多世纪，没有哪个法院会去审查这里呈现的（事件）声明，也没有哪个法院会判决专利 US2026082 的有效性。对于这些专利外部事件的真

第四章　攻坚专利案例

相，就留给美国商业史家去作定论吧。

3. 近期专利诉讼中的优秀专利示例

• 简　介

通过讨论一项来自最近专利诉讼中好专利来总结本书似乎比较合适，我们将主要从关键权利要求术语解释方面来讨论这项专利，并将该专利与一般专利中的最常见错误进行比较。

我们选择的专利是 US8046721，专利名称是"Unlocking a device by performing gestures on an unlock image"（通过在一个未解锁图像上执行手势解锁一个设备）。该专利的优先权日期是 2005 年 12 月 23 日，申请提交日期是 2009 年 6 月 2 日，授权日期是 2011 年 10 月 25 日。这项专利也就是所谓的"滑动解锁"（Slide to Unlock）专利，授予的专利权人是苹果公司（Apple, Inc.），也是苹果公司向三星电子（Samsung Electronics）发起专利诉讼的一组专利中的一项，专利诉讼案号为 Case No. 12 - CV - 00630 - LHK［受理法院：美国联邦地方法院加州北区法院圣何塞分院（United States District Court for the Northern District of California, San Jose Division）］。2014 年 5 月 2 日，诉讼陪审团认定三星电子的 Admire、Galaxy Nexus 和 Stratosphere 等产品侵犯了权利要求 8，并且侵权行为是恶意的，权利要求 8 有

— 115 —

效，侵犯该权利要求的侵权损害赔偿近 300 万美元。❶ 这项专利是一项更早专利（US7657849）的继续申请，在该案中苹果公司并没有使用这项早期专利指控三星电子侵权。❷ 基于以下解释的原因，笔者认为专利 US8046721 是一项非常好的专利。不过，它并不是一项完美的专利，以下将进行解释。

- **专利 US8046721 的权利要求 8**

下面是专利 US8046721 的权利要求 8，其中对其组成要素进行拆分，如表 4-4 所示。

表 4-4 苹果公司滑动解锁专利的权利要求 8

前序部分	A portable electronic devise,
过渡语句	comprising:
[1]	a touch - sensitive display;
[2]	memory;
[3]	one or more processors; and
[4]	one or more modules stored in the memory and configured for execution by the one or more processors, the one or more modules including instructions:
[5]	to detect a contact with the touch - sensitive display at a first predefined location corresponding to an unlock image;

---

❶ 陪审团认定三星电子侵犯了三项专利，但认为对于美国专利 US8046721 的侵权行为是恶意的。根据法律规定，苹果公司可以针对恶意侵权请求惩罚性赔偿（Enhanced Damages），最高可达确定的实际损失的 3 倍，因此对于权利要求 8 的侵权赔偿最高可能达到 900 万美元。该案的这项判决目前还处于可诉诸上诉和其他程序期间，但这并不会改变笔者关于该专利的看法。

❷ 显然，美国专利 US7657849 这一更早的专利曾经被苹果公司用于起诉 HTC（中国台湾宏达电子公司）和摩托罗拉（Motorola），但未用于起诉三星电子。

续表

[6]	to continuously move the unlock image on the touch-sensitive display in accordance with movement of the detected contact while continuous contact with the touch-sensitive display is maintained, wherein the unlock image is a graphical, interactive user-interface object with which a user interacts in order to unlock the device; and
[7]	to unlock the hand-held electronic device if the unlock image is moved from the first predefined location on the touch screen to a predefined unlock region on the touch-sensitive display;[and]
[8]	instructions to display visual cues to communicate a direction of movement on the unlock image required to unlock the device.

- **专利 US8046721 中的关键权利要求术语**

上述权利要求 8 中哪些可能是关键权利要求术语呢？该专利的本质、创造性构思或者创新点，似乎是一种解锁手机的方法，包括支持该方法的结构（但结构本身似乎并不是创新点，尽管权利要求 8 撰写为"一种便携式电子设备"）。因此，关键权利要求术语似乎是那些与指令相关的要素，并且可能包括：

——在要素 5 中：第一预定义位置（first predefined location）。

——在要素 6 中："连续移动"（continuously move）和"连接接触"（continuous contact）。

——在要素 7 中：预定义解锁区域（predefined unlock region）。

——在要素 8 中：视觉线索（visual cues）。

撰写专利的最重要方面之一是解释关键权利要求术语。解释关键权利要求术语有三种方式。❶ 专利 US8046721 是如何使用这三种方式的呢？

解释关键权利要求术语的方式 1——定义术语：在专利 US8046721 中，没有任何地方记载有"定义部分"或类似的内容。有一些关键术语进行了定义，但是不多，因此基本可以认为这项专利的撰写者并未广泛地依赖方式 1。

解释关键权利要求术语的方式 2——术语举例：专利 US8046721 的撰写者非常重视关键权利要求术语的举例。该专利中至少有 20 个不同的词语或短语，专利撰写者是通过给出多个示例的方式进行解释的，这些术语包括"device""memory""network""input/output devices""operating system""application installed on the device"和其他术语。这是专利撰写者用于解释专利中术语的主要方法。

解释关键权利要求术语的方式 3——附图要素并辅以解释：每个专利都包括附图、附图要素及其解释，专利 US8046721 也是如此。按照这三种方法，专利中是如何对这四个关键术语进行解释的呢？

（1）第一预定义位置（first predefined location）：单词"predefined"在该专利中出现了大约 90 次，并用于修饰诸如"location""gesture""path""functions"以及其他名词，不过，"predefined"本身并没有进行定义。此外，对于短语"第一预定义位置"并没有进行定义，也没有任何关于"the initial location prior to moving the image"（在移动图像之前的初始位置）这一概念的定义。

在接下来的讨论中保持准确非常重要。在第 11 栏第 23～62 行

---

❶ 正如已经解释过的（参见第三章——常见错误5），第四种方式即"权利要求差异化"，是法院用于解释权利要求的，专利撰写者绝不应该依赖于该方式。

中对"location"（位置）这一概念有广泛的讨论，包括下面的定义：

"location（s）"（位置）可以是狭义或广义的定义，也可以是触摸屏上的一个或多个位置、触摸屏上一个或多个区域，或者其任意组合。例如，位置可以定义为一个特定的标记位置、触摸屏 4 个角的每个角的区域，或者屏幕的 1/4 区域等。

这是一个关于"location"（位置）非常好的解释，因为它包括定义（解释关键权利要求术语的方式 1）和示例（解释关键权利要求术语的方式 2），但是这个解释没有定义"predefined location"（预定义位置），虽然也许可以对这个术语进行推断。不过，一个更严重的问题是，上面的内容并没有解释"第一预定义位置"。该术语明确适用于移动之后（after movement）的位置，一个在专利中称为"meeting one or more predefined unlock criteria"（满足一个或多个预定义解锁条件）的位置。这个定义不适用于"location"（位置）或移动之前（prior to）的位置（position），这是权利要求所称的"第一预定位置"。

尽管没有关于术语"first predefined location"的定义，但也可以争论说移动之后的"预定义位置"（predefined location）应该也可以适用于移动之前的位置，不过这在该专利中并不明确。如果在详细描述部分的开头有（专门的）"定义部分"，并且如果术语"预定义位置"在书面描述中进行了明确定义，那么这个错误就绝对不会出现。❶

---

❶ 笔者的最终意见是，这项专利不只是一般的好（专利），事实上是非常好，意即这项专利考虑充分以及撰写优良。不过，这项专利并不完美，如果明确关键权利要求术语和在发明详细描述的起始"定义"部分使用了宽泛的定义，这项专利就会更好。在如今的一些美国专利中可以看到这样的"定义"部分，但还没有成为普遍做法。不过在笔者看来，这应该成为普遍做法。参见本书第一章"撰写专利申请"部分中"第七步：撰写（发明）详细说明"相应内容。

该专利中没有关于"first predefined location"的示例（与之相对的是，如上所述，专利中给出了多个移动之后的位置的例子）。在第一位置的"解锁图像"由要素402、要素702和要素1002在不同的附图中示出，或许这些图像就位于"first predefined location"，但是，"first predefined location"既没有示出也没有进行讨论。"first predefined location"的含义必须从移动之后的location（位置）的含义来进行推断。❶

（2）连续移动（continuously moving）和连续接触（continuous contact）：形容词"continuous"（连续）在该专利中出现了17次，包括在短语"continuous contact"（连续接触）中出现13次和在短语"continuously moving"（连续移动）中出现4次。❷

专利中没有关于"连续接触"的示例，但是"连续接触"与运动完成时的"接触断开"（breaking of the contact）进行了对比（说明书第9栏第38~39行）。

在对附图5B进行解释时提到，用户的手指"在移动方向504，是与触摸屏408保持持续接触的"，尽管提到"连续接触"，但附图中并没有明确代表"连续接触"的要素。

---

❶ 在苹果公司诉三星电子一案中，陪审团显然对于术语"first predefined location"（第一预定义位置）没有问题，而且可能是从术语"移动之后的位置"（"location" post-movement）的含义来进行理解。不过，关键点在于，短语"first predefined location"是一项关键权利要求术语，这个短语本来是可以在专利中进行更为清楚的解释。

❷ 所提交的专利申请中包括短语"移动解锁图像"（move the unlock image），但（申请提交时）没有将副词"continuously"（连续地）包括在内，而是在专利审查期间添加到所有独立的独立权利要求中。由于在专利审查期间将"continuously"这个词加到权利要求中，所以可以想象得到，在书面描述中可能完全没有出现"continuously move"（连续地移动）这一短语。但是，在书面描述中，"continuous contact"（连续接触）一词却出现9次，不过没有给出定义或解释，而这就是问题的关键。"continuous contact"（连续接触）显然是一条关键权利要求术语，在提交申请之前就应该认识到把它作为关键权利要求术语，并且应该在书面说明中对其进行非常清楚的解释。

第四章 攻坚专利案例

总体而言，如果在专利中对"连续性"（continuity）或"连续的"（continuous）进行了定义，那么"连续"（continuity）这一概念，不管是通过"接触"（contact）方式还是通过"移动"（movement）方式，都可以更加明确。（但是专利中）没有这样的定义，只有暗示（indications），包括对比的短语和一幅附图的讨论，在苹果公司诉三星电子的案件中显然陪审团认可这些说明。但是，如果有关于这些术语或者至少单词"continuous"（连续）的明确定义，对于关键权利要求术语"连续移动"和"连续接触"的解释将更有力。❶

（3）预定义解锁区域（predefined unlock region）：其明确定义为运动之后的位置（参见前面关于"第一预定义位置"的讨论）。

（4）视觉线索（visual cues）：这个关键权利要求术语用示例和附图要素进行了很好的说明。尽管没有一个正式的定义，视觉线索的功能是"向用户提供解锁动作的提示或提醒"（说明书第9栏第13～14行）。专利中给出了多个视觉线索的示例，其可以是"文字的、图形的或其任意组合"（说明书第9栏第14～15行）。附图中可以是视觉线索的示例，诸如"channel element 404"（引导要素）（说明书第12栏第25行），或"channel element 1004"和"arrow 1006"

---

❶ 美国专利US8046721是2005年12月23日提交的在先专利申请（其最终获得授权，专利号为US7657849）的继续申请，其以参考的方式引入了美国专利US7657849和另外一项同样于2005年12月23日提交的关联专利申请（其最终获得授权，专利号为US7480870）的内容。这三项专利都反复将"continuous contact"（连续接触）与"touch screen"（触摸屏）或"touch-sensitive display"（触敏显示）联合使用，但没有一项专利对"continuous contact"（连续接触）这一短语进行定义或以其他方式解释。除了美国专利US8046721的独立权利要求之外（注意，正如上面已经指出的，这还是在美国专利US8046721的专利审查过程中加进去的），三项专利都没有使用词语"continuously"（连续地）。"continuous contact"（连续接触）显然在这三项专利中都是关键权利要求术语，因此本应该对其进行一些细节上的讨论。

（箭头）（说明书第18栏第4~6行）。

- **专利US8046721与常见专利错误对比**

本书已经讨论许多专利撰写中的常见错误，与这些错误对比，该专利表现如何？

正如已经指出的，关于常见错误1——关键权利要求术语不清晰，该专利是相对不错的。但有几个术语并没有充分解释，而这可能造成混淆。

关于常见错误2——扩展不充分，该专利在其直接关注点——在触摸屏上对图像的触觉操控，从而实现锁定到解锁——上，似乎做得非常好。不过，有多个本可以描述并请求保护的实施方式没有记载，从这个意义上讲，该专利在常见错误2方面只能算是足够。例如：

a：专利中关于"接触"的讨论并不完全清楚。（假如）将专利仅限定为人手指的接触，（将）会是十分局限的。事实上：

（1）唯一使用或演示的设备是"触摸屏"。

（2）单词"touch"（接触）反复使用，但没有定义。在说明书第5栏第29行提到了"haptic and/or tactile"（触觉的），但这个并不是定义。坦白地说，笔者不完全理解这个语境下"haptic"（触觉的）和"tactile"（触觉的）之间的差异。或许我们可以说"haptic"可以包括在接触点的振动，是"tactile"的一种形式，但这两个词语的准确含义以及它们之间的差别并不明确。在很多情况下，两个形容词之间的细微差异不会造成什么影响，但是在该例中，与电话表面的物理接触类型是该专利的核心所在，因此缺少清楚的描述是有

害的。❶

（3）关于触摸技术给出了一个很好的示例清单，包括电容式、电阻式、红外线和表面声波技术，以及用于确定与触摸屏的一个或多个接触点的其他近场传感器阵列或其他元件（见说明书第5栏第45~49行）。

（4）该专利没有限制为人手指，因为专利中提到了"任何合适的对象或附属物，例如手写笔、手指等"（见说明书第5栏第61~62行）。

因此可以明确，该专利把许多不同类型的接触都覆盖了，包括使用不同类型的接触件（contactor）（手指和手写笔）和不同种类的技术，但所有这些接触都要求"touch"（接触）。如果接触件——手指或手写笔——离屏幕有5英寸的距离，这是否算是"touch"（接

---

❶ 与诸如"haptic"（触觉的）这样的词语有关的问题是，含义既"窄"又"宽"。一方面，字面定义是"与触摸感觉有关"，这是"tactile"（触觉的）的下位概念，因此，"haptic"一词在短语"haptic and/or tactile"中似乎是多余的；而另一方面，"haptic technology"（触觉反馈技术）是相对新的技术并且在持续发展，因此，该词（haptic）的准确范围难下定论。该术语（haptic technology）似乎包括至少响应于触摸的不同频率的电磁波，且似乎包括更一般意义上的"响应于触摸的振动或反压模拟"。（不过）这个术语（haptic technology）是否包括正在开发中的技术，例如全息和音频反馈等？美国专利US8046721反复提到"visual feedback"（视觉反馈）、"audio feedback"（音频反馈）以指示解锁设备这一动作的进度，但这些看上去与"haptic holography"（全息触控）、"haptic audio"（音频触控）并不相同。当和另外一项苹果公司的美国专利US8378797（发明名称：Method and apparatus for localization of haptic feedback；触觉反馈定位的方法和装置）相比（参见第1栏第11~14行），其将"haptic"定义为"touch or tactile sensation"（触摸或触觉），将"haptic feedback system"定义为"selective tactile feedback sensation（such as a vibration or other physical sensation, etc.）"［选择性触觉反馈感觉（例如振动或其他物理感觉等）］。这并不是对"haptic"一词的扩展定义，但至少该定义是清楚的。与之相对的是，在美国专利US8046721中根本就没有任何解释，而是依赖于一个当前看来边界并不清楚的行业术语。考虑到（所处领域）当前的研发状况，该术语的未来含义并不确定。美国专利US8046721中使用"haptic"一词，实际上可以通过定义或者其他解释来扩展发明（保护）范围的机会，但是该机会没有被抓住。

触)呢?如果距离10英寸呢?如果相距任意可行的距离,只要触摸设备(手指和触控笔)和触摸屏存在视距(LOS)通信呢?并且触摸设备和触摸屏之间采用非视距(NLOS)通信时,相距任意可行的距离呢?

(该专利中)触摸技术显然包括"红外线技术",这个补充非常好。但(该专利中的触摸技术)包括"超声波"(技术)吗?尽管(该专利中的)触摸技术包括"表面声波技术"(Surface Acoustic Waves),但这似乎仅限于触摸屏表面的声波,而似乎不包括在触摸屏和接触件(手指或手写笔)之间存在一定距离的超声波。如果雷达是连接技术或者其他可以回弹的电磁信号,是否会被该专利覆盖呢?这可能包括在"其他近场感应阵列"这一词汇下,但答案并不是100%确定。该专利在处理"touch"(触摸)概念时采用的方式比较好,尤其是给出了示例清单,但如果能够对定义进行扩展,则更加有助于扩充该概念。

这里的讨论可能看似无穷无尽,但需要记住的是,该专利的关键创新就是屏幕与人(用户)之间的触摸。专利中所有与该创新相关的内容都应该进行非常清楚的解释。(该专利中)与触摸相关的一些关键权利要求术语的确得到了非常好的解释,但也有一些没有解释到位。

b:该专利似乎被限制为"预定义的"锁定和解锁区域。为什么指锁定和解锁区域必须是预定义的?触摸技术不是已经足够发达,从而用户能够定义他或她自己的锁定或解锁区域吗?这是一个潜在的严重弱点,因为竞争对手可以通过允许屏幕区域的灵活设计来规避专利。

c：如果自定义（用户和手机之间的）交互不是通过从一个区域到另一个区域的移动实现，而是通过生物特征数据（比如用户的指纹）实现呢？这显然也不包括在（该专利的保护范围）内，虽然在笔者看来这种方式超出了专利的范围，并且需要由不同的专利保护。

总体来讲，关于常见错误2——扩展不充分，该专利的表现基本合格，但是显然可以做得更好，专利可以更强。

其他常见的专利错误在这项专利中没有出现。没有采用权利要求并行，权利要求并行总是可选的，本来是可以采用的，但事实是没有，因此不存在有缺陷的权利要求并行，即常见错误3。关于书面描述中不必要的限制，即常见错误4，除了上面已经讨论过的，也不明显。权利要求组合做得非常好，（该专利）包括有方法权利要求、设备权利要求和计算机可读介质权利要求。因此，不存在常见错误6——缺少权利要求组合，或常见错误7——在一项权利要求内元素组合不当。（该专利中）没有非标准用语——常见错误8，不存在错误依赖前序部分——常见错误9，并且没有已知的会破坏专利价值的外部事件——常见错误10。

苹果公司"滑动解锁"专利讨论总结：

关于一项专利的正式审查最终以VSD分析结束，即对权利要求的有效性、权利要求的保护范围和侵权可发现性三个因素进行分析。本书讨论的专利中常见错误能够极大地影响专利权利要求的有效性和保护范围。专利US8046721没有犯大部分那些常见错误，因此该专利的撰写质量远远优于ICT领域中的大多数专利。出于这个原因，

用专利 US8046721 来结束本书是合适的。❶

结　语

本章中讨论的专利（US2292387、US748626、US1509312、US2026082、US8046721）说明了"攻坚"专利的概念，特别是展示了当一项专利犯了最常见错误时，专利质量是如何受到损害以及（专利）价值是如何损失的。表 4-5 对（本章前面的）讨论进行了总结，其中，"是"（Yes）表示该专利中出现了该错误，而"否"（No）表示该专利中未出现该错误。

---

❶ 显然，笔者不能够说而且也不会这么说，这件专利的权利要求是有效的，或者说它们具有最可能宽泛的保护范围。这也可能是真的，但笔者并非这个领域的专家，因此不能作出这样的论断。该专利（US8046721）的优先权日期是 2005 年 12 月 23 日，早于 iPhone 的上市时间，对于整个智能手机行业来说，这是比较早的，但笔者不知道是不是还有其他相关的在先技术。笔者只能说，某些在专利中常见的、会影响专利有效性的错误，在这项专利中并没有犯。应该注意的是，至少有一位评论者指出滑动解锁的概念是由一家名叫 Neonode（http：//www.neonode.com）的瑞典公司早在苹果公司开发 iPhone 手机之前就发明了。不过，Neonode 公司，与苹果公司不同，并没有使用响应于手指的移动而滑动的图标。（那么）增加一个"图标"是否是显而易见的，从而不应该给予苹果公司授予专利呢？（至少）该评论者是这么认为的，并且这是一个合理的观点，不过在苹果公司诉三星电子的案件中，陪审团认定权利要求 8 有效并且被侵权（参见：James Bessen，"The Power of No"，Future Tense，（December 4，2013）；网址：http：//www.slate.com/articles/technology/future_tense/2013/12/the_simple_fix_that_could_heal_the_patent_system.html）。很可能还有其他现有技术可能被引用来挑战苹果公司的美国专利 US8046721，但该专利是由美国专利商标局授权并得到了陪审团的支持。笔者的任务不是在这里将可能的现有技术与这项专利进行比对评判，只是说，除了少数例外情况外，这项专利避免了本书中呈现的大多数常见专利错误。

第四章 攻坚专利案例

表4-5 常见专利错误与本章的专利

常见专利错误	海蒂·拉玛专利（US2292387）	莉齐·J. 马吉专利（US748626、US1509312）	查尔斯·B. 达罗专利（US2026082）	苹果公司专利（US8046721）
1. 关键权利要求术语不清楚	是。"control station"（控制站）和"movable craft"（移动飞行器）是不清楚的。不过，其他关键权利要求术语要么含义自明，要么明确定义	是。关键权利要求术语的解释非常糟糕	否。术语非常清楚，在该专利中没有不清楚问题，非常难得	是。有几个术语未进行定义，例如 predefined、continuous 和 touch，总体而言，表现不错
2. 扩展不充分	是。陆基（land-based）控制没有描述，双向通信没有描述。不过，其他方式有提及，并请求保护	是。游戏定义得非常狭窄，没有覆盖 Monopoly® 游戏或其他任何东西	是。总体来讲，只有 Monopoly® 游戏被保护，权利要求主题请求保护游戏是好的做法，但是没有覆盖（各种）变型	不确定。"touch"（接触）的概念似乎是限制性的。语音控制实施例没有覆盖（不过可以通过另一项专利来保护）。"Predefined"（预定的）是限制性的，"touch"（接触）的参数不清楚。总体而言，表现不错，但可以做得更好

续表

常见专利错误	海蒂·拉玛专利（US2292387）	莉齐·J.马吉专利（US748626、US1509312）	查尔斯·B.达罗专利（US2026082）	苹果公司专利（US8046721）
3.（权利要求）并行瑕疵	是。权利要求1（transmitter和receiver）与权利要求4（control station和movable craft）	否。没有明显的技术特征并行	否。没有明显的技术特征并行	否
4. 书面描述中不必要的限制	是。记载了简信传输是"系统的一个非常重要的特征"	否。尽管书面描述中的大量细节是负面的	否	否
5. 权利要求差异化使用不当	否	否。所有的权利要求都是独立权利要求	否。所有的权利要求都是独立权利要求	否
6. 缺少权利要求组合	是。所有的权利要求都是结构权利要求，没有方法权利要求	是。所有权利要求都是"游戏棋盘"	是。所有权利要求都是用于"棋盘游戏设备"	否
7. 在一项权利要求内元素组合不当	是。每一个独立权利要求都包括发射器和接收器	否	否	否

续表

常见专利错误	海蒂·拉玛专利（US2292387）	莉齐·J. 马吉专利（US748626、US1509312）	查尔斯·B. 达罗专利（US2026082）	苹果公司专利（US8046721）
8. 不当使用非标准术语	是。权利要求1中使用 including（但权利要求4中却使用更合适的词语 comprising）	是。词语 having 和 provided with	是。词语 having	否
9. 错误依赖前序部分	是。混乱的前序聚焦于一个系统，但权利要求主体是关于设备	否。非常短和清楚	显然"是"。权利要求1似乎是用于一个"棋盘"，但那仅仅在前序部分	否
10. 破坏专利价值的外部事件	显然"否"，但实际情况不明	显然"否"，但实际情况不明	是。存在潜在的大问题，可能会导致灾难性的后果	显然"否"，但实际情况不明
总体结论	说明书好、权利要求弱。大多数内部常见错误都犯了。技术很赞、书面描述不错，但权利要求很弱	（保护范围）非常窄。这些专利不糟糕，但它们的保护范围极其狭窄。它们保护"大地主的游戏"，但没有覆盖 Monopoly® 游戏	（保护范围）非常窄。专利申请文件撰写的非常好，覆盖了 Monopoly® 游戏，但保护范围可能太窄，以至于无法覆盖其他棋盘游戏。主要问题是外部错误——关于正确发明人的诸多争议	尽管有一些错误，但总体还是非常好的。在关键权利要求术语解释和充分扩展这两个方面还存在一些弱项。但总体而言，这项专利是非常好的。这项专利在撰写之初就考虑了后续的专利诉讼，专利撰写质量反映了对于细节的关注

这些总结是对已授权的专利进行的事后分析。(现实中)为了获得尽可能好的专利,即"攻坚"专利,应该对专利申请进行审查,确保不出现这些常见错误。

后　记

美国伟大的幽默作家马克·吐温（Mark Twain）曾经说过："每个人都在谈论天气，却没有人对此做任何事情。"而关于"专利质量"和"专利价值"这些话题也可以这样说，每个人都在谈论它们，并且它们显然是"热门"话题。不过，尽管这些显然是当前备受关注的话题，但对此却很少有采取重要行动。（仅仅口头上）说"我们会审查我们的质量专利"或者"我们会评估我们的专利组合并剔除质量较差的专利"——这样的话我们偶尔会听到——根本就不是答案。

只有采取切实的措施，才可以增强专利的质量，从而提升专利的价值。坏消息是，遗憾的是，改进空间很大；而好消息是，幸运的是，改进空间很大，并且我们知道该做什么。

本书通过四章内容主要描述了以下几个主要思想。

第一章解释了专利是如何讲述它的故事，并且展示了撰写高质量专利申请的步骤。

第二章明确并解释了专利质量的主要原则。

第三章明确并解释了10项专利撰写中的最常见错误，并展示了避免这些错误的方法和技巧。

第四章用3个专利实例展示了"攻坚专利"的概念，目的是通过这些20世纪到21世纪的实际案例来表明，虽然专利的形式随着

IP 攻坚专利

时间改变，但是"攻坚"专利的（基本）特征和撰写"好专利"的原则并没有变化。

需要做的是，将撰写"好专利"的原则应用在实际中，并且避免或者去除在专利中反复出现的常见错误。不管是否能够对天气做点什么，我们显然可以采取行动来修复专利并为我们的发明创造提供尽可能好的（专利）保护。现在，就是采取行动的时刻。❶

---

❶ 如果我们谷歌检索马克·吐温的这句名言，我们会发现两件事情。第一，很多人抱怨，关于天气我们已经做了事情，因此我们必须采取行动来复原这些事情。笔者不是全球变暖领域的专家，坦白讲我们也不知道其真相，我唯一注意到具有讽刺意义的是，吐温先生在19世纪认为这不可能改变的事情，毕竟在21世纪是可以改变的，尽管也许不是按照吐温先生所期望的方式改变。第二，令人惊讶的是，（开头）引用的名言是否真的出自马克·吐温，这句名言也可能出自查尔斯·D. 沃纳先生（Mr. Charles D. Warner），他是吐温先生的朋友。我想这也是具有讽刺意味的。在针对 Monopoly ® （大富翁）游戏真正发明人，关于游戏是由马吉（Magie）女士，或达罗（Darrow）先生，或新泽西州大西洋城的一群贵格会教徒（Quakers）发明的混淆等话题的漫长讨论后，我们发现，名言的正确归属和发明权的正确归属类似，至少在某些情况下，必须留给历史学家去研究。

原则清单

1. 好的专利权利要求的特点

原则1：简短的前序部分是好的。

原则2：少量的权利要求技术特征通常是好的。

原则3：权利要求中的上位技术特征通常比下位技术特征要更好。

原则4：如果技术特征非常上位，那么很多技术特征数量可能不会缩小权利要求（保护范围）。

2. 关键权利要求术语

原则5：关键性权利要求术语清楚对于专利价值至关重要。

原则6：专利诉讼几乎总是由一个或非常少量的关键权利要求术语解释决定。

原则7：被告对权利要求非常常见的攻击就是对关键权利要求术语的攻击，如果专利清楚地解释该术语，那么这种攻击容易被击破。

原则8：如果一个权利要求术语在所属技术领域是非常清楚的，则不必对其进行解释。

原则 9：精心撰写的关键权利要求术语的过程是迭代反复的——仔细挑选术语、解释术语、审阅术语的解释、可能添加新的术语与新的解释、重写所有的解释并对重写结果再次审阅等。

原则 10：关键权利要求术语可以采用以下一种或多种特定方式进行定义：（1）对术语进行明确定义；（2）举例；（3）附图显示并加上相应的解释。

附图 11：绝不要使用权利要求差异化来解释关键权利要求术语。

3. 权利要求类型

原则 12：最基本保护类型分类是结构权利要求和方法权利要求。

原则 13：好的独立权利要求可以获得宽的保护范围，而好的从属权利要求可以获得保护深度。

原则 14：特定种类权利要求的形式特殊。

4. 专利价值

原则 15："权利要求组合"可以极大地增加专利的价值。

原则 16：五个因素决定一件专利的价值，它们是：（1）主要创新点的市场规模；（2）专利所解决技术问题的重要性；（3）解决该问题技术方案的简单性、清晰度和范围；（4）专利的优先权日期；（5）专利的质量。

原则 17：直接侵权和间接侵权都可以创造价值。

原则 18：好（但不是很棒）的专利也可以创造价值。

原则 19：一项专利的潜在价值可以通过多种方式释放。

原则清单

原则20：不管是出于攻击目的或者防御目的获取的专利，价值都不应有所改变。

原则21：最可能实现专利潜在价值的，是擅长专利技术领域的主体。

5. 种子专利

原则22：种子专利：（1）具有广阔的市场覆盖范围；（2）可以解决重要的技术问题；（3）可以提供一个技术解决方案，其是一项重要的创新并可能是整个技术行业的基础；（4）具有较早的优先权日期；（5）具有很强的非自引前向引证，或者其他表征（专利）重要价值的明确证据，例如高额的许可权利金、（专利）诉讼胜诉、高价出售，或加入某个成功的专利池。

原则23：种子专利的强劲不能克服专利中的重大错误。

原则24：种子专利可能仅覆盖一些实施方式，但仍然是开创性的。

6. 撰写专利的技巧

原则25：专利撰写必须是创造性过程。

原则26：把专利的特定部分仅放在专利（文件）的正确位置。

原则27：使用不会限制发明实施范围的方式撰写书面描述。

原则28：保持术语使用的一致性。

原则29：权利要求并行需要并行的语言。

原则30：将一项发明与一项技术标准绑定是极为危险的。

词汇表

摘要：参见"专利的组成部分"。

背景技术：参见"专利的组成部分"。

BCP："Biological, Chemical, and Pharmaceutical"的首字母缩写，表示基于生物和化学的三个技术领域（生物、化学和医药），其与ICT具有本质的差异。BCT领域有时候被称为"不可预知的技术（领域）"。对照"ICT"。

（附图）简要说明：参见"专利的组成部分"。

灾难性后果：灾难性后果是灾难性失败给专利造成的影响。整组权利要求会被无效掉。在某些情况下，整个专利会被无效掉或认定为无法执行。参见"灾难性失败"。

灾难性失败：一些专利错误是如此严重以至于会将整组权利要求或者有时是整个专利都被"消灭"。权利要求术语中的"垂直切换"就是此类错误，并会导致灾难性失败。"破坏专利价值的外部事件"在某些情况下只是专利所有者无法控制的事件，往往是可能导致灾难性失败的错误。专利中的大多数错误，包括本书中列出的大多数常见错误，只对专利质量造成一定程度的损害，但不会使整组权利要求无效。将专利后果分类为"一般损害"或"灾难性失败"，可以和电子元器件的问题分类（"逐步退化"或"灾难性故障"）相比拟。还可参见"破坏专利价值的外部事件""切换术语"和"垂直切换"。

权利要求：关于其在专利中的作用，请参见"专利的组成部分"；关于其构成部分，请参见"权利要求的组成部分"；关于不同类型的权利要求，请参见"权利要求类型"。

权利要求差异化："权利要求差异化"理论是指每组权利要求中的任何一个权利要求都必须有自己的含义或"范围"，其余权利要求中的（保护）范围都不同（如果保护范围相同，则两个权利要求表达的实际上就是一个事情，而这是法律所禁止的）。由于权利要求的保护范围由法院确定，法院会将权利要求解释为权利要求组中的每个权利要求的保护范围不同。实际效果是，法律将以这种方式来解释权利要求，从而权利要求组中的独立权利要求保护范围比其所有从属权利要求都宽。下面是一个例子：权利要求1是一种保护家庭宠物健康的装置。权利要求23是"权利要求1，其中，所述家庭宠物是狗"。根据权利要求差异化理论，权利要求1的家庭宠物必须包括狗和一个或多个其他动物。权利要求1不可以仅限于"狗"，因为那样会使得权利要求1与权利要求23成为一回事。

权利要求多样性：与"权利要求组合"相同。参见"权利要求组合"和"权利要求类型"。

权利要求组合：（一项）专利中的各种权利要求，也称为"权利要求多样性"。判断专利质量的方法之一就是看专利中是否有各种权利要求。这种（权利要求的）多样性被称为"权利要求组合"或"权利要求多样性"。当人们使用"权利要求组合"一词时，通常指的是专利中的权利要求类型：（1）系统权利要求；（2）设备或产品权利要求；（3）组件权利要求（其可能是电路、子系统或执行特定功能的机器部件);(4)方法权利要求。这个术语也可以用来指硬件权利要求和软件权利要求的组合,以及"客户端侧"和"服务器侧"权利要求的组合。该术语还被用来指独立权利要求(其创建专利请求保护范围的宽度)和从属权利要求(其创建保护范围的深度)的组合。专利的权利要求组合越好,越与更高的质量有关,因为同样的发明构思能够以多种方式进行充分体现。良好的权利要求组合可能意味着更宽的保护范围,并且意味着在诉讼中所有权利要求被无效的可能性更低。另见"权利要求并行"和"权利要求类型"。

权利要求并行:这是一种特殊的权利要求组合。在这种组合中,单个创新点通过多种类型的权利要求获得保护,并且通过在同一专利的方法权利要求和结构权利要求,使用相同的权利要求结构和相同的权利要求术语获得。如果使用得当,权利要求并行可以为单个创新点提供非常强的保护。不过,权利要求并行要求在不同类型权利要求中使用相同的术语。如果使用不同的术语,则会丧失(权利要求)并行性,从而无法获得最大化保护。另请参见"权利要求类型"和"切换术语"。

权利要求保护范围:参见"VSD 评估"。

权利要求集合:不依赖于任何权利要求的,称为"独立权利要求";依赖于独立权利要求的,称为从属权利要求。因此,每个从属权利要求都是对其从属的独立权利要求的修改或限缩。一项独立权利要求加上所有从属于其的权利要求,统称为"权利要求集合"。出于逻辑上的需要,一组权利要求中的所有权利要求都是一种类型(例如,方法权利要求、设备权利要求或系统权利要求),都衍生自该独立权利要求。

词汇表

权利要求有效性：参见"VSD 评估"。

客户端侧权利要求：参见"权利要求类型"。

从属权利要求：参见"权利要求类型"。

详细描述：参见"专利的组成部分"。

侵权可察觉性：参见"VSD 评估"。

直接侵权：参见"专利侵权"。

侵权可发现性：与"侵权可察觉性"相同。参见"VSD 评估"。

分离式侵权：依据专利法，只有一方当事人实施一项专利权利要求的所有技术特征时，才能够认为存在对于该权利要求的"直接侵权"。如果一项权利要求需要两个不同的当事人采取行动，则侵犯该权利要求的可能性非常低。在这种情况下，直接侵权只有在如下情况下才能发生：(1) 双方中的一方是另一方的代理人；(2) 一方当事人由另一方当事人控制；(3) 当事人以某种方式串通，从而法院可以将一方当事人的行为归因于另一方当事人。这三种情况确实会发生，但并不常见。因此，分离式侵权原则可能会大大缩小特定权利要求的保护范围。该原则通常对那些同时包括"客户端侧"和"服务器侧"技术特征的方法和系统权利要求影响最大。这类权利要求很少被侵权。对于产品和部件权利要求来说，这一原则的危险性通常要低得多，因为产品和部件权利要求由其性质决定，往往由一个主体执行。常见错误 7——在一项权利要求内元素组合不当，就是基于分离式侵权提出的。分离式侵权引发的问题，几乎总是可以通过将每项权利要求撰写为完全"客户端侧"或完全"服务器侧"来克服。

"分离式侵权"有时也被称为"共同侵权"，正如"分离式侵权原则"有时也被称为"共同侵权原则"一样。亦可参见

"专利侵权"。

分离式侵权原则：参见"分离式侵权"。

等同侵权原则：通常简称"DOE"。等同侵权原则是在美国和其他许多国家都存在的法律规则。基于该规则，被告可能要对直接侵犯专利权利要求负责，即使被告没有完全按照权利要求中的技术特征来执行。每个国家都有自己关于等同侵权的做法。例如在美国，如果（1）被告的行为和权利要求技术特征的差异是"非实质性的"，或者（2）被告的行为被认为"用实质上相同的方式"、执行"实质上与权利要求相同的功能"并且"获得实质相同的效果"，则被告的行为可被视为"等同"。等同侵权原则是一个相对复杂的理论，有自己的具体规则。至少要理解的是，在某些情况下，等同侵权原则可能会扩大侵权责任的范围。参见"专利侵权"。

DOE：参见"等同侵权原则"。

（权利要求）技术特征：参见"专利权利要求的组成部分"。

破坏专利价值的外部事件：即使专利的权利要求很棒并且得到书面描述的支持，好专利的价值也可能被与专利本身无关的"外部事件"破坏。这类事件的例子包括：（1）未能按时提交文档；（2）未将重要的现有技术告知专利局；（3）故意在专利上列出错误的发明人；（4）不按时缴纳专利续期费用。这些事件与专利的保护对象、权利要求或书面描述对权利要求的支持无关。这些都是"破坏专利价值的外部事件"。针对具体情况，此类事件可能会使一项权利要求无效，或使一项权利要求对某个当事方无法主张，或者在最坏的情况下，使专利中的所有权利要求无效。

前向引证：当在先专利 X 被在后专利 Y 作为相关的现有技术而引用，专利 X 就收到一个"前向引证"，因为在 Y 中的引文在时间上相对于被引用的专利 X 是向前的。如果专利 X 和专利 Y 为同一专利权人所有，则前向引证被称为"前向自引证"。如果专利 X 和 Y 的所有者不同，则前向引证是"前向非自引证"。从理论上讲，"前向引证"可以是在专利或技术论文中引用，但当人们说"前向引证"时，通常只指在后专利中的"前向引证"。

前向非自引证：参见"前向引证"。

前向自引证：参见"前向引证"。

水平切换：也称为"水平切换术语"。当一项专利的不同独立权利要求之间的一个关键权利要求术语发生切换时，就产生"水平切换术语"。当这种情况发生时，就会产生"水平权利要求混淆"。结果会导致保护范围小于专利权人的预期。在极端情况下，混淆可能导致专利的权利要求无效。亦可参见"权利要求并行"和"切换术语"。比照"垂直切换"。

独立权利要求：参见"权利要求类型"。

间接侵权：参见"专利侵权"。

ICT："Information & Communication Technologies" 的首字母缩写。以电子或机械结构或方法为特征的专利所在技术领域，多以应用物理学为基础。相应的专利包括计算机、电子和通信系统——包括硬件和软件，以及机械专利和医疗器械专利（例如该小组还包括机械专利，以及医疗器械专利例如植入物、工具）。材料科学专利特别是纳米技术专利，有时也被归类为 ICT 专利。比照 BCP。

信息与通信技术：参照 ICT。

国际贸易委员会：参照 ITC。

ITC："International Trade Commission" 或 "United States International Trade Commission" 的缩写。ITC 是独立于美国联邦地区法院的

美国专利诉讼审理机关，专利权人可以在 ITC 或法院发起侵权诉讼，或同时在两者起诉。ITC 和法院的诉讼在程序、审判者和救济措施等方面存在差异。之前出版的《专利的真正价值：判定专利和专利组合的质量》一书对这些差异进行了讨论（参见第 150～154 页）。

吉普森权利要求：欧洲人称为"两部分式权利要求"的美国说法。参见"权利要求类型"。

共同侵权：参见"分离式侵权"。

KCT：参见"关键权利要求术语"。

关键权利要求术语（KCT）：指专利权利要求中一个重要的词或短语，帮助确定权利要求的含义或保护范围。通常，一个权利要求术语与权利要求中的特定创新点有关。

"攻坚"专利：指的是这样的专利——专利撰写后提交给专利局审批授权，在考虑发明特性和所处技术领域的情况下，授权后的专利在合理的前提下尽可能坚固稳定。另外一种理解方式是，对该专利评估的结论是得分很高。亦可参阅"VSD 评估"。事实上，不存在"攻坚"专利，因为在法庭或 ITC 的诉讼中，意想不到的事情可能总会发生，但可以让一项专利尽可能成为"攻坚"专利。通过避免最常见的专利错误，打造"攻坚"专利，专利撰写人员可以确保此类错误不会有损于专利的保护范围、权利要求的稳定性、整体质量和金融价值。

马库什权利要求：参见"权利要求类型"。

方法权利要求：参见"权利要求类型"。

功能性权利要求：参见"权利要求类型"。

（权利要求）嵌套：专利撰写方式的一种理念，其中对单一创新点撰写一组权利要求，包括一个保护范围非常宽的独立权利要求和多个从属权利要求，每个从属权利要求的保护范围都比独立权利要求窄。该理念的总体想法是，独立权利要求的覆盖面最广泛，最有可能被侵权，从而最有可能为专利权人创造价值。然而，宽的保护范围也容易受到无效挑战的影响。如果保护范围宽的独立权利要求确实被无效，范围较窄的从属权利要求就会被激活并可能用于捕获可能的侵权人。"嵌套"是在专利中构建权利要求的最常见方式，尽管不是唯一的方式。

非标准术语：对于标准术语已经涵盖的概念采用新的和独特的术语。结果是几乎肯定会导致混乱。例如，众所周知，标准的ICT专利过渡语句是"comprising"（包括）。出于某种原因，人们通常使用非标准术语，例如"having""including"或"with"。光是使用这些术语就令人困惑了，但如果在一些专利权利要求中使用"comprising"，而在另一些权利要求中使用"including"，则造成的混淆就更糟糕。亦可参见"标准术语的非标准使用"。

标准术语的非标准使用：对于一项现存、众所周知的术语，采用一种与该术语最相关行业内理解不一致的方式进行使用的做法。如果一个行业以某种标准方式使用某个术语，而专利使用这个术语作为权利要求的一部分，但专利对该术语的使用与该行业的用法不一样，那么这种非标准的使用肯定会造成混乱。在这种情况下，如果专利对非标准术语提出明确的定义，那么该明确的定义将控制对权利要求的解释；如果专利中没有明确的定义，那么权利要求的保护范围和有效性都将是不确定的。标准术语的非标准使用与"非标准术语"不一样。亦可参见"非标准术语"和"切换术语"。

拆解：在专利领域，拆解是指将权利要求拆分为组成部分的过程，以便于对权利要求进行深入的分析。权利要求会被拆解为三个组成部分，即前序部分、过渡语句和权利要求技术特征。进一步地，所有权利要求技术特征都必须列举或以其他方式指定，以便能够方便地识别和审查每一项技术特征。拆解通常是为了分析拆解的权利要求，或将拆解的权利要求与另一个权利要求进行比较（用于比较的该权利要求本身可能被拆解，也可能不会被拆解）。亦可参见"专利权利要求的组成部分"。

拆解的概念在专利领域之外也有使用，用于将一句话或论点拆分为组成部分。例如，在第三章中，常见错误9——错误依赖前序部分，美国联邦巡回上诉法院关于权利要求前序部分影响的解释被拆解为组成部分。同样地，拆解的目的也是方便对拆解文本进行深入分析。

专利的组成部分：专利包括许多特定组成部分，其中任何一个部分都可能影响权利要求的保护范围或有效性。下面描述主要的组成部分。

摘要：表明关键创新点或发明的其他关键特征的简短描述。

背景技术：专利中描述的与发明有关现有技术的讨论，通常陈述由该发明实施例解决的现有技术缺陷，但不应在该部分讨论该发明的实施例。

（附图）简要说明：对附图极为简要的描述，只说明每个附图的性质（方法、系统、设备等）和附图的一般主题。例如，"显示一种数字记录方法的一个实施例的流程图"；又如，"无线通信设备的俯视图"。

权利要求：在专利结尾处描述受专利保护内容的新颖性声明。权利要求之前通常会有一个短语，诸如"I claim:""We claim""What is claimed is:"或类似的短语。

详细描述：书面描述的核心部分。对发明以足够清楚和细致地描述，从而所有权利要求都能够获得支持。在该部分中，对每个附图中带附图标记的要素都会以简洁的方式进行说明和解释。

发明领域：有时被称为技术领域或领域，通过这一非常简短的声明确定专利所属的主要技术领域。发明领域的描述必须足够广泛，以包括该发明的背景技术和主要实施例，但也不能太过广泛，从而会将现有技术领域的范围扩大到与该发明技术领域无关或关系非常弱的技术领域。发明领域是可选的，在许多专利中没有该内容。

附图：附图用于（1）显示发明是如何制造和使用的，以及（2）支持所有的结构和方法权利要求。一般而言，结构权利要求采用显示结构的附图，而方法权利要求则采用显示方法/流程的附图。不过如表 1-2 所示，每个方法权利要求也采用至少一个显示结构的附图。

发明概述：该发明的所有创新点或主要技术特征的总结，许多专利撰写人员会在（发明）概述中概括每个独立权利要求。

标题：专利的名称。标题应该是简短和描述性的，并且足够广泛，以便涵盖发明的主要实施例，但也不能太广泛，否则可能会引入无关或关系非常弱的技术领域的现有技术。

书面描述：正如美国法典第 35 章第 112（a）条所描述的，书面描述包括专利的所有部分，其中描述了如何制作和使用发明的各种实现方式，包括发明的结构和方法，可以描述通常被称为"替代实施例"的多个结构和/或多种方法。专利书面描述中包含的关键部分有标题、对相关专利申请的交叉引用以便确立一个早期优先权日期、发明领域（可选的且经常不会出现）、发明背景

(也称为"相关技术")、发明的简要摘要(或干脆就是"摘要")、附图简要说明、发明详细描述(或"优选实施例详细描述",或干脆就是"详细描述")和摘要。对专利的解释被称为"书面描述",而不仅仅是"描述"。书面描述包括专利中除了附图和权利要求的所有部分。

专利权利要求的组成部分:任何专利的权利要求都包括三个部分,并且每个部分都在创造专利质量方面发挥作用。同样,为了确定专利权利要求的质量和价值,专利的评估人员必须审查和考虑权利要求的每一部分。

前序部分:这是在权利要求一开始就会出现并描述(权利要求)所涉主题的短语。例如,"一种用于分发影片的方法……""一种用于保护数据完整性的系统……""一种用于数字通信的设备……"。

过渡:也称为"过渡语句",这是在(权利要求的)前序部分之后和技术特征之前出现的短语,通常就只有一两个字。就ICT专利而言,前序部分和技术特征的正确过渡语句是"comprising"(包括)。

技术特征:技术特征是用于表示权利要求保护范围的具体方式,紧接在"过渡语句"之后。识别技术特征通常并不难,有时技术特征会以(a)、(b)、(c)等(附图标记)标示。在多数情况下,每个技术特征都会相对页面左侧缩进。

专利侵权:专利侵权有两种,且都对专利的价值有贡献。

直接侵权:当唯一一个当事人实施一项权利要求的所有技术特征时,则该当事人被认为构成对该权利要求的"直接侵权",当事人的行为是"直接侵权"行为。

间接侵权：如果某当事人不直接侵权，但或者（1）通过故意帮助另一方侵犯而"作出贡献"，或（2）要求、鼓励或以其他方式"诱导"另一方直接侵犯，则该当事人的贡献或诱导被认为构成"间接侵权"。

专利池：由不同主体拥有并整合为单个组合以进行联合许可或诉讼的多项专利被描述为处于专利池中。专利池通常是围绕成文的技术标准而形成的。根据法律，纳入专利池的专利必须是实施标准所"必需"的专利。由于进入专利池是在确定专利的确是标准"必需"的技术和法律专家评估之后，因此，专利被纳入专利池是专利潜在价值的一个标志。

专利组合：由同一主体拥有或控制的两个或两个以上专利项目（专利和/或专利申请）形成的组或集合。这些专利项目由于都指向相同的技术主题或技术问题，因而是"相关联的"。有人使用这个术语来包括属于一家公司的所有专利和专利申请，而不管这些专利项目是否与一个或多个主题或问题有关。不过，如果专利项目涉及多个主题或问题，则更准确的说法应该是该公司拥有多个专利组合，其中每个专利组合都涉及不同的主题或问题。

专利质量：指专利的内部价值，需要考虑专利的权利要求、书面描述和支持权利要求的附图。专利质量是"专利价值"的基础之一，但专利质量本身并不代表专利价值。具有"高质量"的专利在合理情况下很可能是"攻坚"专利。比照"专利价值"。

专利价值：这不是衡量"质量"的标准，而是衡量金融价值的标准。为了最大化专利价值，质量是必需的，但并不是充分条件。有价值的专利是既有高质量又覆盖当前侵权（或覆盖近期即将发生的侵权）的专利。如果专利的质量高，同时又覆盖大公司的重大侵权行为，则该专利可能通过销售、许可、专利权交易、防止专利有效期内的竞争或其他原因等获得数以百万美元的金融价值。比照"专利质量"。

创新点 PON：它是权利要求中的创新部分，也是审查员之所以给予权利要求授权的特定权利要求组成部分。有时也被称为"发明构思"或"创新概念"。在每个独立权利要求中都应该只有一个创新点。

PON：参见"创新点"。

前序部分：参见"专利权利要求的组成部分"。

现有技术：专利中描述的发明之前现有技术中的做法。没有发明是凭空创造出来的——在创新的世界里没有魔法。发明采纳现有技术，对现有技术进行重组，从而创造出新的和有用的东西。正如发明的过程既涉及创新也涉及发明所依据的现有技术一样，专利描述发明和发明所改变或重组的现有技术。

优先权日期：专利被认为已提交的日期。如果专利不依赖于在先申请，那么优先权日期就是专利首次提交的日期。如果专利明确依赖于在先的专利，则优先权日期是在先专利的申请日期。优先权日期对于判断专利权利要求至关重要，只有权利要求相对于优先权日期之前的现有技术是"新的"和"非显而易见的"，专利审查员才会予以授权。

权利要求保护范围：参见"VSD 评估"。

种子专利：（1）具有广泛市场覆盖范围；（2）可以解决重大技术问题；（3）提供的技术解决方案是重要的创新且可能是整个技术产业基础；（4）优先权日期早；（5）具有很强的前向非自引证或其他具有重大价值的明确证据，例如产生了高额许可使用费，在诉讼中取得胜利，过去以高额价格售出，或在一个成功的专利池中将其列为"必要专利"。亦可参见"专利池"。

服务器侧权利要求：参见"权利要求类型"。

切换术语：指的是一个或多个关键权利要求术语解释的变化。这种变化可能影响权利要求的有效性和/或保护范围。变化可能只发生在发明的书面描述中，可能只发生在权利要求中，也可能发生在发明的书面描述和权利要求中。术语切换从来都不是好事，在某些情况下，导致的结果可能是灾难性的。有多种类型的术语切换，并且都在之前出版的《专利的真正价值：判定专利和专利组合的质量》一书中作了详细解释。当前唯一相关的术语切换类型是"水平切换"和"垂直切换"。

如果两个或两个以上独立权利要求聚焦于一个新奇点，但关键权利要求术语在不同权利要求之间发生变化，就会发生水平切换。例如，在表3-1中，独立方法权利要求中使用术语"digitized speech samples"（数字化语音样本），但在独立结构权利要求中变成"acoustical signal"（声音信号）。水平切换可能破坏权利要求并行，缩小权利要求的保护范围。在严重情况下，水平切换可能导致权利要求并行缺失。

当关键权利要求术语在一项权利要求内变化其形式或含义时，就会发生"垂直切换"。"垂直切换"的最终结果往往是灾难性的，包括切换发生所在的独立权利要求及依赖于该独立权利要求的所有从属权利要求无效。参见"权利要求并行""水平切换"和"垂直切换"。

软件权利要求：参见"权利要求类型"。

结构标签：此术语表示结构权利要求中技术特征元素的存在状

态。结构标签有助于将方法转化为结构，而不需要将结构和方法技术特征结合在同一权利要求中（因为专利法不允许将结构和方法技术特征在单个权利要求中结合）。结构标签的例子包括诸如"配置为……的某种结构"或"适应于……的某种结构"之类的短语。

结构权利要求：参见"权利要求类型"。

发明概述：参见"专利的组成部分"。

过渡（或"过渡语句"）：参见"专利权利要求的组成部分"。

两部分式权利要求：美国"吉普森"式权利要求在欧洲的称谓。参见"权利要求类型"。

权利要求类型：专利撰写人员可以使用不同类型的权利要求表达不同的创新点。

（1）**独立权利要求 VS. 从属权利要求**：专利必须有至少一个独立权利要求，如今的专利几乎总是有多个从属权利要求（20 世纪早期，更常见的做法是使用独立权利要求的方式撰写我们今天会撰写为从属权利要求的内容）。

独立权利要求：不依赖于任何在先权利要求的权利要求被称为"独立"（权利要求）。独立权利要求不会参照在先的权利要求。独立权利要求仅包括在该权利要求中记载的技术特征，以及在撰写正确的情况下，包括一个创新点，尽管一个创新点可以包括多个独立权利要求（用于系统、方法、硬件、软件等）。比照"从属权利要求"。

从属权利要求：从属权利要求是指依赖于在先权利要求的权利要求。每个从属权利要求都会在一开始就引用在先的权利要求。例如，"2. 权利要求 1，进一步包括……"就是从属权利要求 2，其依赖于在先的权利要求 1。从属权利要求包括所从属的权利要求中的所有内容，再加上在从属权利要求中增加的至少一个技术特征。从属权利要求的（保护）范围必然比它所从属的权利要求更窄。除非所从属的权利要求已经被认定为无效或无法主张，否则不会涉及从属权利要求。也就是说，从属权利要求不会作为一个实际问题被触及。参照与"独立权利要求"。

（2）**结构权利要求 VS. 方法权利要求**：ICT 技术中的每一项发明都包括某种结构用以执行实施例或特定动作，以及某种构建或使用实施例的方法。并不是每一种结构和方法都会请求保护，但每一项发明都有结构和方法。尽管这两种类型的权利要求经常被比较讨论，但应该记住，结构和方法之间的界限并不总是很清楚。例如，有时通过使用标准结构标记可以很容易地将方法权利要求转换为结构权利要求。例如，如果方法步骤是"由数字信号处理器处理……"，则该（方法）步骤可以通过使用"配置为处理……的数字信号处理器"转换为结构步骤。

结构权利要求：结构权利要求是指所有技术特征都是某种物理结构的权利要求。存在各种类型的结构权利要求，包括：（1）系统，是最大的结构；（2）产品或装置；（3）产品或装置的组成部分，是最小的结构。需要注意的是，这里使用"大"和"小"只是用于表示结构的相对大小和复杂性。

方法权利要求：在专利法中，发明人可以为"工艺"申请专利（美国法典第35章第101条）。在专利领域，通常不使用"工艺"一词，相应的权利要求通常称为方法权利要求。在方法权利要求中，每个技术特征都是一个动作或步骤，通常采用动名词（-ing）的形式表示，例如 storing（存储）或 processing（处理）。

（3）**客户端侧权利要求 VS. 服务器侧权利要求**：权利要求可以

是完全客户端侧、完全服务器侧或者客户端侧和服务器侧技术特征的混合。由于分离式侵权原则的存在，采用混合技术特征的权利要求非常有问题。因此，理解每个权利要求，或者更准确地说，权利要求中的每个技术特征，是"客户端侧"还是"服务器侧"是非常重要的。

客户端侧权利要求：大多数通信系统都有客户端侧（有时称为客户场所、消费者站点、移动站点、家庭等）和服务器侧。对于ICT系统权利要求和方法权利要求，理解权利要求的每个技术特征是在客户端侧还是在服务器侧是很重要的。如果一项权利要求同时包含客户端元素和服务器元素，则该权利要求存在因分离式侵权原则而被无效的风险（虽然这种危险尤其适用于系统权利要求和方法权利要求，但对于设备权利要求或部件权利要求通常不用担心，因为由其性质所决定，设备权利要求或部件权利要求不会在两个或更多实体之间分开）。比照"服务器侧权利要求"。亦可参见"分离式侵权"。

服务器侧权利要求：大多数通信系统都有客户端侧和服务器侧，后者有时被称为前端、网络运营中心或网络控制中心。对于ICT系统权利要求和方法权利要求，了解权利要求的每个技术特征是在客户端侧还是服务器侧是非常重要的。如果一项权利要求同时包含客户端元素和服务器元素，则该权利要求存在因分离式侵权原则而被无效的风险。比照"客户端侧权利要求"。亦可参见"分离式侵权"。

（4）**硬件权利要求 VS. 软件权利要求**：硬件权利要求和软件权利要求与结构权利要求和方法权利要求相似，但不完全相同。各种硬件权利要求和软件权利要求也会增加专利中的权利要求组合。

硬件权利要求：本质上，"硬件权利要求"是对物理结构主张保护的权利要求。从这个意义上说，"硬件权利要求"与"结构权利要求"是分不开的。但是，在某些专利中，方法权利要求中的特定功能也被视为"硬件"，其中，该功能由特定的硬件执行。例如，我们可以说"调谐器"，这显然是硬件，但我们也可以说"调谐电视信号"，这也可以被视为硬件，因为有一个非常具体的硬件（"调谐器"）用于执行此功能。

软件权利要求：软件权利要求是就计算机程序对计算机性能影响主张保护的权利要求。这通常被认为是"必须由计算机执行的算法"。这类权利要求存在很大的争议——它究竟能不能被以专利的形式予以保护（是否是专利保护的对象或客体），如果能，该以何种形式（进行保护）。虽然通常被认为是方法权利要求，但软件权利要求也可能是一种结构权利要求，其中每个结构技术特征都在执行方法的一个步骤或过程。软件专利在每个国家规则不一，复杂且经常变化。

（5）特殊类型权利要求：

"吉普森"式权利要求（美国）即"两部分"式权利要求（欧洲）：吉普森权利要求的特点是，前序部分很长，并且包括过渡语句"改进包括"和一个单一的技术特征，其表明相对于现有技术的改进所在。在美国，吉普森权利要求前序部分中的所有内容都被无可争议地认定为该权利要求的现有技术。正因如此，吉普森权利要求在美国极不受欢迎。与吉普森权利要求相同类型的权利要求在欧洲被称为"两部分"式权利要求。不过，在欧洲，权利要求前序部分通常不会被视为权利要求的现有技术。因此，这种形式的权利要求在欧洲得到相当广泛的使用。

马库什：指权利要求的一个技术特征，该技术特征被定义为一组列出项中的一项。例如，"一个从由计算机、移动读取器、移动电话和陆地移动无线电组成的组中选择的电子设备。"这种权利要求的优点是它将涵盖所有声明的实现方式。在上面的示例中，计算机、移动读取器、移动电话和陆地移动无线电中的每一项都将由权利要求的这一元素覆盖。这种权利要求技术特征的一个缺点是，如果现有技术涵盖任何一种替代方案，则整个权利要求技术特征会被视为"现有技术"并导致权利要求无效。假如不适用马库什权利要求，通过撰写多个权利要求，可以获得相同的效果，其中每个权利要求对应马库什组的不同实例。撰写多个权利要求将避免马库什权利要求的缺陷，不过这样会生成大量权利要求，从而造成相对高的专利申请费用。

部件加功能：指权利要求的一个技术特征，在该权利要求中，一项技术功能采用结构的方式进行表示。标准格式是"……部件，用于……"（means for ＿＿ ing ＿＿）。这种格式适用于权利要求的每个技术特征，而不是权利要求本身，尽管通常会使用"功能性权利要求"（means‐plus‐function，部件加功能）的说法来指称"具有一个或多个'部件加功能'技术特征的权利要求"。这种撰写方式的依据是美国法典第35章第112（f）条。不过，司法判例要求采用这种形式撰写的权利要求的保护范围应严格地限于书面说明中描述的具体结构。由于这个原因，部件加功能形式（的权利要求保护范围）相当狭窄，现代美国专利中较少使用。

权利要求有效性：参见"VSD 评估"。

垂直切换：也称为"垂直切换术语"。这是当单个权利要求中关键权利要求术语的用法或含义发生切换时发生的情况。"垂直权利要求混淆"然后就发生了，结果往往是权利要求集合甚至是整个专利的灾难性失败。另参见"权利要求并行"和"切换术语"。比照"水平切换"。

VSD 评估：出于各种目的，专利会由许多人进行评估。（对一项专利的）全面评估必然包括三个常见标准，并要试图回答三个具体问题：权利要求是否有效？权利要求所提供的保护范围是什么？侵权是否可以合理地（被）发现？

权利要求有效性：美国专利商标局授权的权利要求属于"推定有效"，但这并不意味着在这些权利要求发生争议时，它们必然是有效的。（权利要求）有效性经常在专利商标局、法院诉讼和 ITC 诉讼（337 调查）中受到质疑。（对权利要求有效性的）挑战可能基于专利内部的问题、专利审查员未考虑的现有技术或可能使专利权利要求无效的外部事件。如果在正式评估中没有对（权利要求）有效性进行审查，几乎可以肯定是因为评估人员假定权利要求是有效的。一些评估系统将权利要求分为"可能有效"或"可能无效"，在这类评估系统中，"可能无效"的权利要求可能会被完全忽略。

权利要求保护范围：权利要求涵盖各种产品、方法、市场和公司的程度。广泛的覆盖面意味着"宽的保护范围"，与之相对的则是"有限的或窄的保护范围"。人们经常提到专利的"覆盖范围"，此时指专利中所有权利要求的保护范围，而不是一个特定权利要求的保护范围。与有效性不同的是，有效性评估结论通常为"是或否"，而权利要求保护范围通常用数值来打分，以此来表明相对覆盖率。

侵权可发现性（或可察觉性）：如果无法发现对（专利）权利要求的侵权，那么该权利要求的价值很小。如果专利中的所有权利要求都是如此，那么整个专利可能是毫无价值的。大多数专利在侵权可发现性方面没有问题,但如果真出现这样的问题,则很可能会对专利的价值产生巨大影响。

书面描述:参见"专利的组成部分"。

参考资料

Bellis Mary. Monopoly, Monopoly: Part 1: The History of the Monopoly Board Game and Charles Darrow. *About. com.*, (February 22, 2012), available at http://inventors.about.com/library/weekly/aa121997.htm, (last viewed September 1, 2014).

Bessen James. The Power of No. *Future Tense*, (December 4, 2013), available at http://www.slate.com/articles/technology/future_tense/2013/12/the_simple_fix_that_could_heal_the_patent_system.html (last viewed September 1, 2014).

Bessen James E. The Value of U. S. Patents by Owner and Patent Characteristics. *Boston University School of Law Working Paper no.* 06 – 46, pp. 1 – 36 (2006), available at http://papers.ssrn.com/sol3/papers.cfm?abstract_id=949778 (last viewed September 1, 2014).

Brookings Institution — The Metropolitan Policy Program. Patenting Prosperity: Invention and Economic Performance in the United States and its Metropolitan Areas. Washington, D. C., February, 2013, available at www.brookings.edu/~/media/Research/Files/Reports/2013/02/patenting%20prosperity%20rothwell/patenting%20prosperity%20rothwell.pdf, (last viewed September 1, 2014).

Brown David W. Reobituaries: Elizabeth 'Lizzie' Magie, Inventor of Monopoly. Mental Floss, February 6, 2013, available at http://mentalfloss.com/article/48787/retrobituaries-elizabeth-lizziemagie-inventor-monopoly, (last viewed

September 1, 2014).

Carroll Lewis. *Alice's Adventures in Wonderland*. Macmillan, London, 1865. often shortened to *Alice in Wonderland*.

Dodson Edward J. How Henry George's Principles Were Corrupted into the Game Called Monopoly. December, 2011, available at http://www.henrygeorge.org/dodson_on_monopoly.htm (last viewed September 1, 2014).

Doyle Arthur Conan. "Silver Blaze". appearing in the collection *The Memoirs of Sherlock Holmes*, (1892).

European Patent Convention, section 43 (1).

Fish Robert D. *Strategic Patenting*. Trafford Publishing, Victoria, British Colombia, Canada, 2007.

Fish Robert D. *White Space Patenting*: Patenting Ideas, Not Jus Inventions. Fish & Associates, Irvine, CA, November, 2013.

Freepatentsonline.com, freely accessible electronic database of United States patents, United States patent applications, European patents and applications, English-language abstracts of Japanese patents and applications, English-language WIPO international applications known as "PCT", and German patents and patent applications in the original German. The patents reviewed here are:

US 748626. http://www.freepatentsonline.com/07486265.pdf;

US 1509312. http://www.freepatentsonline.com/1509312.pdf; and

US 2026082. http://www.freepatentsonline.com/2026082.pdf.

Gambardella Alfonso, Harhoff Dietmar, and Verspagen Bart. The Value of European Patents. *European Management Review*, Vol. 5, pp. 69–84, (2008), available at http://iprwatchonline.com/uploadfile/201102/20110212122807879.pdf (last viewed September 1, 2014).

Gambardella Alfonso, Giuri Paola, Mariani Myriam, Giovannoni Serena, Luzzi Alessandra, Magazzini Laura, Martolini Luisa, and Romanelli Marzia. The Value of

European Patents: Evidence from a Survey of European Inventors: Final Report of the PatVal EU Project. European Commission (2005), available at http://ec. europa. eu/invest – in – research/pdf/download_en/patval_mainreportandannexes. pdf, (last viewed September 1, 2014).

Goldstein Larry M. *Patent Portfolios: Quality, Creation, and Cost*. True Value Press, Memphis, TN, 2014).

Goldstein Larry M. *True Patent Value: Defining Quality in Patents and Patent Portfolios*. True Value Press, Memphis, TN, 2014).

Goldstein Larry M. and Kearsey Brian N. *Technology Patent Licensing: An International Reference on 21st Century Patent Licensing, Patent Pools and Patent Platforms*. Aspatore Books, a division of Thomson Reuters, Boston, MA, 2004.

Hadzima Joe of IP vision. Patent Due Diligence: Strategic Patents & Acquired Liability in M&A. (2014). available at http://web. ipvisioninc. com/IPVisions/bid/34324/Patent – Due – Diligence – Strategic – Patents – Acquired – Liability – in – M – A, (last viewed September 1, 2014).

iRunway. Patent & Landscape Analysis of 4G—LTE Technology. (2012). available at http://www. i – runway. com/images/pdf/iRunway% 20 – % 20Patent% 20&% 20Landscape% 20Analysis% 20of% 204G – LTE. pdf, (last viewed September 1, 2014).

Lemley Mark. The Limits of Claim Differentiation. Berkeley Technology Law Journal, Volume 22, 1389 – 1401 (2007), available at http://scholarship. law. berkeley. edu/cgi/viewcontent. cgi? article = 1713&context = btlj, (last viewed September 1, 2014).

Pantros IP. Patent Factor Reports. (2013). available at http://admin. patentcafe. com/reports/pantrosip_reports/patentfactor_terms. pdf, (last viewed September 1, 2014).

Patent Litigation: *Apple Inc. v. Samsung Electronics Co. , Ltd.* , Case No. 12 – CV –

00630 – LHK（verdict on May 2, 2014）.

Ethicon, Inc. v. United States Surgical Corp., 135 F. 3d 1456,（Fed. Cir. 1998）.

i4i Limited Partnership v. Microsoft Corporation, 670 F. Supp. 2d 568（E. D. Tx. 2009）, *affirmed* 589 F. 3d 1246（Fed. Cir. 2009）, *withdrawn and superseded on rehearing*, 598 F. 3d 831（Fed. Cir. 2010）, *affirmed* 131 S. Ct. 2238, Slip Opinion 10 – 290（2011）.

Intirtool, Ltd. v. Texar Corporation, 369 F. 3d 1289（Fed. Cir. 2004）.

Limelight Networks, Inc. v. Akamai Technologies, Inc., et. al, Case 12 – 786, 134 S. Ct. 2111（June 2, 2014）.

TiVo, Inc. v. EchoStar Corp., 516 F. 3d 1290（Fed. Cir. 2008）, *cert. denied*, 129 S. Ct. 306（2008）.

Trend Micro, Incorporated v. Fortinet, Inc., "In the Matter of Certain Systems for Detecting and Removing Viruses or Worms, Components Thereof, and Products Containing Same", U. S. International Trade Commission（"ITC"）Case No. 337 – TA – 510（July, 2007）.

Uniloc USA, Inc. and Uniloc Singapore Private Ltd. v. Microsoft Corporation, 632 F. 3d 1292（Fed. Cir. 2011）.

Pilon Mary. Monopoly Goes Corporate. New York Times, August 24, 2013, available at http://www.nytimes.com/2013/08/25/sunday – review/monopoly – goes – corporate.html,（last viewed September 1, 2014）.

Quote Investigator（Exploring the Origin of Quotes）. Everybody Talks About the Weather, But Nobody Does Anything About It: Mark Twain? Charles Dudley Warner?. April 23, 2010, available at http://quoteinvestigator.com/2010/04/23/everybody – talksabout – the – weather/（last viewed September 1, 2014）.

Rich, Giles S., "The Extent of the Protection and Interpretation of Claims—American Perspective", 21 *Int'l Rev. Indus. Prop. & Copyright L.*, 497, 499（1990）.

United States Code, Title 35（also known as United States Patent Act of 1952, as amended):

35 United States Code sec. 101

35 United States Code sec. 112 (a)

35 United States Code sec. 112 (b)

35 United States Code sec. 112 (f)

35 United States Code sec. 115

35 United States Code sec. 116

35 United States Code sec. 271 (a)

35 United States Code sec. 271 (b)

35 United States Code sec. 271 (c)

35 United States Code sec. 282

United States Patent & Trademark Office:

Database of recorded patent assignments, http://assignments.uspto.gov/assignments/q? db = pat.

Database of US Patent Full – Page Images, http://patft.uspto.gov/netahtml/PTO/patimg.htm.

Ex Parte Reexamination of U.S. Patent No. 5,623,600, Request by Fortinet, Inc., U.S. PTO Control No. 90/011,022, decision f July 17, 2012, Ex Parte Reexamination Certificate issued December 17, 2012, (both the decision and the certificate available on the U.S. PTO's Public PAIR system).

Glossary Initiative — a pilot program for defining and understanding claim terms, launched June 2, 2014. See www.uspto.gov/patents/init_events/glossary_initiative.jsp (last viewed September 1, 2014).

Manual of Patent Examining Procedure, section 2111.02 "Effect of Preamble", available at http://www.bitlaw.com/source/mpep/2111_02.html (last viewed September 1, 2014).

United States Patent Act of 1790: Section 1

United States Patents:

US 748626. Game – Board. originally assigned to the inventor Lizzie J. Magie, issued 1903.

US 1509312. Game Board. originally assigned to the inventor Elizabeth Magie Phillips, issued 1923.

US 2026082. Board Game Apparatus. originally assigned to the inventor Charles B. Darrow, subsequently assigned to Parker Brothers, Inc., issued 1935.

US 2292387. Secret Communication System. originally assigned to the inventors Hedy Markey Kiesler (known as "Hedy Lamarr") and George Antheil, issued 1942.

US 5414796. Variable rate coder. original assignee Qualcomm, Inc., issued 1995.

US 5606539. Method and apparatus for encoding and decoding an audio and/or video signal, and a record carrier for use with such apparatus original assignee U. S. Philips Corporation. issued 1997.

US 5606609. Electronic document verification system and method. original assignee Scientific Atlanta, subsequently acquired by Smiths Industries Aerospace & Defense Systems, subsequently acquired by Silanis Technology, issued 1997.

US 5623600. Virus detection and removal apparatus for computer networks. original assignee Trend Micro, Inc., issued 1997.

US 5774670. Persistent client state in a hypertext transfer protocol based client – server system. original assignee Netscape Communications Corporation, subsequently acquired by AOL, Inc., subsequently acquired by Microsoft Corporation, issued 1998.

US 5787449. Method and system for manipulating the architecture and the content of a document separately from each other. original assignee Infrastructures for Information Inc. ("i4i"), issued 1998.

US 6233389. Multimedia time warping system. original assignee TiVo, Inc., issued 2001.

参考资料

US 6714983. Modular, portable data processing terminal for use in a communication network. original assignee Broadcom Corporation, issued 2004.

US 6885875. Method and radio communication system for regulating power between a base station and a subscriber station. original assignee Siemens Aktiengesellschaft, issued 2005.

US 7480870. Indication of progress towards satisfaction of a user input condition. original assignee Apple, Inc. , issued 2009.

US 7657849. Unlocking a device by performing gestures on an unlock image. original assignee Apple, Inc. , issued 2010.

US 8046721. Unlocking a device by performing gestures on an unlock image. originally assignee Apple, Inc. , issued 2011.

US 8378797. Method and apparatus for localization of haptic feedback. originally assignee Apple, Inc. , issued 2013.

US 8771184. Wireless medical diagnosis and monitoring equipment. original assignee Body Science, LLC, issued 2014.

US 8786495. Frequency channel diversity for real – time locating systems, methods, and computer program products. original assignee Zebra Enterprise Solutions Corp. , issued 2014.

US 8812702. System and method for globally and securely accessing unified information in a computer network. original assignee Good Technology Corporation, issued 2014.

Wikipedia. Anti – Monopoly. last viewed on September 1, 2014.

Wikipedia. Charles Darrow. last viewed September 1, 2014.

Wikipedia. George Antheil. last viewed September 1, 2014.

Wikipedia. Hedy Lamarr. last viewed September, 2014.

Wikipedia. History of the board game Monopoly. last viewed September 1, 2014.

Wikipedia. Monopoly (game). last viewed September, 2014.

图表索引

图 4 - 1　专利 US2292387 的附图 7 与附图 4 ·············· 82
图 4 - 2　专利 US748626 的首页 ······················· 97
图 4 - 3　专利 US1509312 的首页 ······················ 98
图 4 - 4　专利 US2026082 的首页 ······················ 99
表 1 - 1　撰写专利申请的步骤 ························· 7
表 1 - 2　独立权利要求的附图要求 ····················· 12
表 1 - 3　解释关键权利要求术语的技巧 ·················· 13
表 3 - 1　专利 US5414796 的独立权利要求 1、独立权利要求 18、
　　　　独立权利要求 29——水平切换 ················· 53
表 3 - 2　专利 US5414796 的独立权利要求 1、独立权利要求 18、
　　　　独立权利要求 29——垂直切换 ················· 54 ~ 56
表 3 - 3　涉及权利要求组合的选项 ····················· 65 ~ 66
表 4 - 1　专利 US2292387 的独立权利要求 1 和独立权利要求 4 ······· 89
表 4 - 2　三项 Monopoly® 专利的权利要求 1 对比 ············ 101 ~ 102
表 4 - 3　查尔斯·B. 达罗的 Monopoly® 专利 US2026082 小结 ······ 113
表 4 - 4　苹果公司滑动解锁专利的权利要求 8 ··············· 116 ~ 117
表 4 - 5　常见专利错误与本章的专利 ···················· 127 ~ 129